创新中国书系

国之重器

如何突破关键技术

欧阳桃花　曾德麟　著

中国人民大学出版社
·北京·

推荐序一

从"天空地"多维度展现中国科技自立自强的画卷

赵纯均

清华大学经济管理学院原院长
中国管理现代化研究会名誉理事长

国之重器,乃国之瑰宝,是由无数科技创新硕果和尖端技术凝聚而成的。它们不仅象征着国家的力量,也关乎国家命运的转折。近年来,我国在盾构机、无人机、载人航天等诸多领域均取得了关键技术突破。这些突破不仅彰显了我国科技实力的迅速崛起,也为我国高端制造业的发展注入了强大的动力。这些成就不仅是科技工作者智慧与汗水的结晶,也是国家创新驱动发展战略的有力体现。国之重器已然成为中国高端制造业的坚实脊梁,助推着国家向更高、更远的目标迈进。

在本书中,欧阳桃花与曾德麟两位学者通过深度研究,全面揭示了国之重器技术进步的管理实践问题。欧阳桃花教授长期致力于将前沿技术进步理论与中国本土案例相结合,深入浅出地将复杂的技术进步与管理实践娓娓道来。她的研究不仅在学术界具有重要影响力,也为管理实践提供了宝贵的指导意见。欧阳教授对案例开发与研究情有独钟,数十年如一日深入企业一线持续调研。她在日本攻读管理学博士学位时，运用案例研究方法撰写博士论文；博士后的出站报告也运用了案例研究方法。她致力于做"顶天立地"的研究，以案例研究回答时代之问、因应时代之变。曾德麟老师在本书中展现了深厚的管理学理论功底和对中国企业技术进步的深刻见解。他结合丰富的实际案例，深入剖析了企业在技术进步过程中面临的挑战与机遇，提出了切实可行的解决方案。他们的研究不仅回答了"技术进步是什么"这一基础问题，还详细阐述了"如何实现技术进步"的创新路径，并进一步揭示了中国自主技术进步与创新过程的深刻机理。这些见解有助于回答国之重器"为什么"在技术封锁、经济技术基础薄弱的严峻背景下，能够突破关键技术瓶颈，实现从跟跑到并跑甚至领跑的华丽转身。

在全球环境深刻变化的背景下，后发国家的企业如何抓住机会以实现对领先国家企业的赶超，是一个全球普遍关注的重大难题。作者在本书中对此进行了深入探讨，结合实际案例，提出了许多富有洞见的观点。

首先，以中国商用客机的发展为例，这一领域面临着严峻而复杂的挑战，提升已交付型号飞机的量产效率是其中的重要任务。量产效率的提高意味着从研制、制造到工艺、售后服务等一系列流程的优化完善，是商用客机更加成熟与可靠的重要指标。同时，加强关键核心零部件的国产配套能力也至关重要。对于国际适航证的获取，要保持清醒的认知，不断增强自身与国际航空巨头博弈的整体实力。复杂系统管理的思维在这个过程中尤为重要，必须把握国内国际市场的双循环格局，持续推进中国商用客机技术创新体系的追赶行稳致远。

其次，通过复盘中国盾构机突破西方技术封锁的过程，可以提炼出中国企业技术赶超的路径与创新组织模式。复杂产品系统的技术赶超分为起步期与加速期两个阶段。起步期的困难在于解决从无到有的"冷启动"悖论，加速期的关键则在于平衡新产品的技术升级与老产品的迭代创新。为解决上述难题，中国盾构机头部企业创造出"双循环创新组织模式"，即由核心企业联合产学研其他创新主体，自上而下破解技术"冷启动"悖论，自下而上解决技术升级与老产品迭代的矛盾。

再次，在长鹰无人机的发展过程中，研究型大学服务国家战略工程的模式提供了有益的经验。原始创新体现为从基础研究到原创的新产品开发平台的研制过程，具有架构原创性、系统突破性和平台基础性三大特征。国家需求与技术实现双驱动完成的原始创新，一方面由兼具战略性与技术专业性的使用总体单位，将国家需求转化为具有可操作性的国家战略工程项目；另一方面，研究型大学作为研制总体单位，通过对内举全校之力、对外协同创新的方式，把国家战略工程项目转化为首创的新产品开发平台。

最后，复盘C919客机研制及技术追赶的过程，发现中国商用干线客机从航空产业链前端总体设计开始技术追赶，C919客机实现技术追赶采取了由主制造商与组件供应商密切合作的主供模式。国家意志与企业抱负的有机统一是后发国家技术追赶取得成功的重要条件，这种以技术追赶与共同成长为导向的成长型"主供模式"不同于以全球价值链低成本采购为导向的成本型"主供模式"，前者更强调突破关键技术和推动产业升级。

本书无论是篇章布局、观点阐述还是创新的价值主张，都具有高远的立意。一方面，两位学者精心选取了五个国之重器技术进步的历程，以之作为切入点，从"天空地"多维度全景式地展现了中国科技自主、自立、自强的壮丽画卷，尤其是技术语言与管理语言的有机融合，使全书更具可读性，引人入胜。另一方面，两位学者所践行的问题导向式案例研究方法，与致力于构建符合中国情境的技术进步理论模型的初衷也极为契合，由此创造性地提出了"双循环创新"、"双驱动创新"、创新的"主供模式"等理念，不仅具有高度的理论价值，还能为中国企业的自主技术进步提供切实可行的创新路径和策略。

讲好中国故事、贡献中国智慧是时代赋予中国学者的使命与担当。管理学学者应致力于深入调研中国创新的管理实践，总结中国的管理经验，寻求其成功之道，通过建立"中国式管理"的理论体系帮助更多的中国企业走向成功。这是一条漫长的道路，需要学者的传承与坚守。本书不仅能丰富和发展"中国式管理"的理论体系，对正处于百年未有之大变局的中国企业也具有重要的启示。同时，本书对正在从事案例开发与研究的同行师生也具有重要的参考价值。

2024 年 6 月

推荐序二
再思考国之重器何以技术进步

清华大学经济管理学院创新创业与战略系教授

清华大学技术创新研究中心主任

国之重器,作为技术革新的杰出代表,是工业化进程中的关键驱动力、高新技术产业的重要基石以及国民经济的稳固支柱。

新中国诞生七十余载,我国实现了工业化进程的快速跨越。特别是近年来,我国在大型客机、高速铁路、载人航天以及大型无人机等国之重器领域,取得了显著的研究突破和技术的系列化进展。这些成果不仅彰显了国家实力的跃升,也体现了我国自主创新的深度与广度。这种核心技术的掌握和创新能力的提升,为我国构建世界一流企业集群、推动国家成为面向未来的科技创新强国,提供了坚实的基石和源源不断的动力。

以往的学术研究往往依据要素禀赋、比较优势、全球价值链和国际产业分工等经典理论来阐释中国的工业实践,并认为中国在相当长时期内不具备发展技术和资本密集型产业的能力。而本书所描写的国之重器所取得的辉煌成就揭示了中国工业技术进步的轨迹,突破了以往学术研究的局限。正如书中所言,若单纯依赖西方主流的经济学理论或后发国家的技术追赶理论来指导中国的技术进步实践,其适用性存在明显的局限。这引发了我们对于国之重器技术进步路径的深思:究竟是什么样的独特道路推动了中国的技术进步?在这一进步过程中,哪些核心要素和关键条件发挥了决定性作用?在当前的时代背景下,本书对这些问题进行深刻剖析并给出满意的答复,不仅具有深远的理论价值,也对我国的现实发展极具重要的指导意义。

欧阳桃花、曾德麟两位学者及其团队围绕五个国之重器,通过六篇生动的案例,深入探讨了"国之重器何以取得技术进步"这一重大命题。其中许多观点与本人所关注的话题高度契合,例如,中国盾构机的"双循环创新组织模式"本质上反映的是以知识增值为核心,企业、政府、知识生产机构(大学、研究机构)、中介机构和用户等为了实现重大科技创新而开展的大跨度整合的协同创新模式。本人曾从整合维度与互动强度两个方面探索构建协同创新的框架,而两位学者则以案例的形式对协同创新进行了更为具象的诠释。又如,中国大型无人机的"国家需求与技术实现双驱动理论模型"所阐释的从基础研究到新产品开发平台的原始创新,也与本人曾探讨的"高校基础研究的原始性创新"不谋而合,甚至更进一步。两位学者不仅再界定了原始创新的基本内涵,还探讨了高校与国家、企业互动进而驱动原始创新的机制。再如,国之重器的技术进步离不开从技术引进到自主创新的学习过程。学习是工业技术创新过程中重要的活动形式，对发展中国家而言，它对技术知识的转移、交流与使用，以及技术能力的积累与提高有较大价值。这在本书阐述商用客机追赶历程时亦有所体现。

总体来看，对国之重器技术进步的透彻研究，需要很高的理论水平、严谨的治学态度、大量的数据检验以及跨越知识壁垒的不断求知。两位学者长期根植于对中国复杂产品企业的调研和案例开发，近年来更是借助教育部学位与研究生教育发展中心、中国企业联合会共同打造的企业案例研究基地，采用企业案例、教学案例、研究案例三者结合的模式，深入地挖掘了中国企业创新实践的宝贵经验，并提炼出具有中国特色的企业管理模式。这一系列工作不仅极大地丰富了本书的素材，也确保了研究范式的统一性与科学性，展现了立足于中国本土实际的学术追求和持之以恒的学术精神。

针对某个有价值的主题进行系统化研究，对研究者个人而言是一次具有挑战性的成长机会，对中国自主学术体系的构建而言是一次创新性的尝试。近期，学术界对新中国成立七十余年以来中国主要管理学期刊刊发的关于技术创新主题的研究进行了专题分析，涉及知识图谱的演变特征、期刊作者的分布情况以及各阶段的研究重点和研究趋势。其主要结论是，虽然中国的技术创新研究起步较晚，但中国学者在技术进步的理论和研究方法上已取得了显著的突破，尤其是提出并发展了具有中国特色的自主理论体系。这不仅为国际学术界的知识库增添了新的内容，也在中国从计划经济向社会主义市场经济、从劳动密集型产业结构向创新驱动型经济转型的过程中，起到了切实有效的推动作用。

在这一背景下,《国之重器:如何突破关键技术》一书应运而生。通过作者团队的不懈努力和持续的自我突破,该书科学、系统地阐释了国之重器技术进步的起点、过程和条件,成为相关研究领域的优秀代表作。期待更多学者根植中国前沿实践,诠释中国何以突破国之重器关键技术,构建具有中国特色的自主知识体系与管理理论。

2024 年 6 月

序
走进现场，讲述国之重器的故事

欧阳桃花

北京航空航天大学经济管理学院教授、博士生导师

我从事管理学案例研究可追溯到 20 世纪末。那时，我受教育部公派赴日留学，师从日本神户大学的吉原英树教授，攻读管理学博士学位。恩师教导我要用"脚"做案例研究，要走进案例现场，要与案例企业呼吸同样的空气，因为案例的精髓藏在关键的细节中。获得博士学位回国至今，我长期根植于中国的企业中，专注于案例的研究与开发。

进入 21 世纪，突破关键"卡脖子"技术成为中国面临的中长期重大战略问题。一方面，中国孕育出盾构机、大型无人机、高铁等已攻克"卡脖子"技术的世界级领跑产品；另一方面，依然存在一些关键技术或产品（如高端芯片、航空发动机、研发工业软件等）被"卡脖子"的现象。中国作为后发国家实现技术追赶，主要是在引进国外先进技术、消化吸收再创新的基础上，探索出了一套独特的模式，如企业主导、政府产业扶持、顺应时代发展、优势领域精准创新等，又如在学习中追赶、在追赶中超越等。具有普适性的中国技术赶超模式，虽然在一定程度上可以诠释中国家电、汽车等领

域的技术赶超之谜，但难以解释在技术追赶之初，受到西方技术封锁甚至遏制的"国之重器"（如盾构机、大型无人机、商用客机等复杂产品）的技术追赶历程。揭示"国之重器"技术赶超之谜，对中国管理学界来说是一个巨大的挑战。正是基于这样的考虑，我们团队开始关注"国之重器何以突破关键技术、实现高水平科技自立自强"这一话题。我们通过复盘"国之重器"突破西方技术封锁的过程，提炼中国企业技术赶超的路径与创新模式，揭示技术基础相对薄弱而又受到西方技术封锁的中国企业"如何"以及"为什么"能在面临资源与时间双重约束的困境下，实现从追赶到领跑的华丽转身。我们的研究不是验证国外主流的技术进步理论，而是根植于中国管理实践，构建中国技术进步的自主知识体系。

围绕上述话题，我们申请了国家自然科学基金面上与重点项目（项目批准号：71472012、71632003）以及国家社科基金重大项目（项目批准号：21ZDA012）等。我和团队先后调研了中航西安飞机工业集团股份有限公司、中航沈飞股份有限公司、中国商用飞机有限责任公司、航空工业成都飞机工业（集团）有限责任公司、航空工业直升机设计研究所、中航直升机股份有限公司、北京北航天宇长鹰无人机科技有限公司、中国东方红卫星股份有限公司等十余家"国之重器"企业，撰写了一系列案例研究论文并发表在国内外优秀期刊上。做"国之重器"案例研究，面临如下两大挑战：

第一，案例资料的收集与处理。在围绕"国之重器"技术赶超展开的访谈中，我们深刻体会到被访谈的技术人员倾向于从技术细节聊如何攻克技术难题,内容之专业往往让作为管理学学者的我们难以听懂。事实上,这反映了"国之重器"技术赶超研究的关键挑战,即从工程语言和思维向管理语言和思维的转变。工程语言往往涉及比较"硬"的技术知识和专业术语,其思维偏向"做什么"和"怎么做"。而管理语言则倾向于"软"的概括性、凝练性表述,其思维侧重于"是什么""如何"以及"为什么"。因此我们不仅需要做足调研前的"技术功课",还要在访谈过程中快速对其工程语言和思维进行消化和转换,并持续以问题为导向,追问"如何"与"为什么"。一个又一个刨根问底的访谈过程,直追真因,有利于揭示"国之重器何以突破关键技术"。

此外,国内的案例研究受主流的大样本数据收集与分析方法的影响,强调访谈样本数量要足够多。在优秀的国际期刊上发表论文,需要至少访谈 30 人次。而我们在访谈实践中感受到,访谈数量再多,不如访谈到关键人物。如大型长航时无人机长鹰案例,我们依据新型号工程立项与研制流程,访谈了使用总体单位、研制总体单位、各参研和配套单位的代表人员;依据大型无人机的技术系统架构,分别访谈了统筹整个系统的总(副)设计师、总(副)指挥,以及四大分系统的总(副)设计师、主任设计师等。我们总计调研 40 次,共访谈了 33 人,整理录音 2 815 分钟,形成文稿 20 余万字。坦率地说,访谈人物越多,越不容易抓住关键问题。现在回想起来,让我们收获最大的恰恰是对使用总体单位、研制总体单位 3~5 个关键人物的访谈。他们不仅徐徐展开了研制长鹰无人机的来龙去脉，更重要的是，还能够站在更具战略性、长远性和综合性的视角阐述构建中国大型无人机原创平台的价值，讲清楚中国"为什么"以及"如何"能突破关键核心技术。由此可见，遇到优秀的被访谈者，他们会"教"我们讲案例故事。访谈到关键的少数人比一味追求案例样本量更有利于做好"国之重器"技术创新的研究。

第二，关键研究问题的提出与研究过程的展开。基于访谈资料，如何从管理实践问题中提炼出背后的科学研究问题，极其考验研究者驾驭实践特殊性与理论普适性的能力。我们既不能拿已有的理论"裁剪"实践活动，忽视实践背后的理论涌现，也不能停留在现象层面，用实践问题替代研究问题。这一过程往往要经过多轮迭代与调焦，亦要求身为研究者的我们透过现象看本质，切忌被技术细节或理论视角"带跑"。

围绕科学问题开展研究，则更为考验研究者对既有研究范式的应用与突破。"国之重器"的技术追赶话题具有中国情境的实践性、复杂性和完整性特征。已有的管理研究范式强调从已有理论缺口出发，进行假设与验证。这类范式很难开展"国之重器"这类具有前沿性、探索性题材的案例研究。因为中国作为后发国家，企业进行技术追赶的实践活动不是已有技术进步理论指导的结果，而是企业主体在中国大地上通过解决工程实践中一个又一个关键问题，共同编织出的"国之重器"实现关键技术突破的画卷。此外，既有的案例研究范式往往更为看重数据编码分析的研究过程，类似于还原论，试图还原实践的特征。但如此一来，一方面可能会割裂事物之间的联系，另一方面所还原的特征也难以直达底层、抽丝剥茧、直追真因。为破解上述难题，本书在传统的案例研究方法基础上，引入钱学森先生所倡导的整体论与还原论相结合的复杂系统理论，在进行案例分析时从整体到局部复盘过程，挖掘关键事件的前因后果、来龙去脉，从局部综合集成到整体，识别决定其发展路径的关键行为特征与充分必要条件，并从理论上给予解释。

回首来时路，"国之重器"关键技术突破的实践不易、研究不易，且行且珍惜。十分庆幸这一路上有一群志同道合的学者相伴，大家在无数次交流中碰撞思想的火花；十分欣慰有一群实干兴邦的业界人士欣然接受我们的访谈，真诚地讲述他们的故事；十分感谢本书的广大读者以及愿意刊发、出版系列研究成果的期刊和出版社的朋友，他们的支持和认可是我们持续深耕、把论文写在中国大地上的动力。本书的出版更离不开我的研究团队，包括在校生和已经毕业的从事教职或非教职的学生，他们具有敏捷的思维与超强的执行力，我与他们合作共同完成了如今所看到的"国之重器"系列成果。当然这些研究对于诠释中国不断涌现出的典型实践来说还只是冰山一角。对于我本人来说，能够在这一过程中用案例研究方法，记录与诠释中国波澜壮阔的实践活动，讲述"国之重器如何突破关键技术"的故事，构建中国自主知识体系，实乃人生一大幸事。

2024 年 6 月

目 录

第一章 绪 论 001

1. 解读"国之重器"技术进步 002
2. 聚焦"国之重器"技术进步的典型案例 011

第二章 中国盾构机：双循环创新模式 023

1. 复杂技术赶超的整体情境 025
2. 盾构机技术进步演化 029
3. 破解"冷启动"悖论 035
4. 化解产品技术升级与迭代的矛盾 041
5. 技术赶超的实践逻辑 047
6. 技术赶超的双循环模型 053

第三章 长航时无人机：国家需求与技术实现双驱动 061

1. 大型无人机登上历史舞台 064
2. 长鹰凭借什么"缚苍龙"？ 073
3. 长鹰无人机的外观、架构、零部件 075
4. 从零到一构建无人机平台 086

5. 国家需求与技术实现双驱动 090

第四章 支线客机：面向商业运营的技术追赶 101

1. 复杂问题用复杂系统管理 103
2. 支线客机的技术进步演化 106
3. 总体设计瞄准正向开发 112
4. 制造总装探索最佳均衡 118
5. 适航取证建立安全标准 121
6. 技术追赶的复杂特殊性与理论模式 137

第五章 干线客机：主供模式 147

1. 实践鸿沟与理论缺口 149
2. 干线客机的发展历程 151
3. 国内联合：结构件的主供模式 162
4. 内外合作：系统件的主供模式 169
5. 全景回顾与模式凝练 177

第六章 中国载人航天工程：决策伦理问题探索 187

1. 载人航天工程干不干 189
2. 载人航天工程的总体方案决策 199
3. 载人飞船的技术路线决策 210

4. 适合国情的重大工程决策伦理　　220

第七章　中国载人航天工程：技术进步的系统架构二元性　　231

1. 架构与节奏　　233
2. 走进载人航天工程　　235
3. 从总体设计与关键系统研制破局　　245
4. 中国载人航天工程行稳致远　　255
5. 系统架构二元性　　259

致　谢　　273

第一章
绪 论

心怀国之大者，矢志"国之重器"。笔者团队长期深入一线调研"国之重器"技术进步的管理实践，形成案例研究系列成果，其中包括五篇研究案例论文和四篇教学案例。它们共同展示了"国之重器"何以实现技术进步的核心主题。本书在此基础上，系统归纳"国之重器"实现技术进步的实践与学理逻辑——不仅是"前事不忘，后事之师"的经典实践总结，也是形成中国管理自主知识体系与理论体系的重要基石。为便于读者理解本书的内容，本章将对研究背景、研究主题及相关五个案例进行简要介绍。

1. 解读"国之重器"技术进步

"国之重器"立足于国，造福于民，不仅事关国运国脉，而且关乎民族兴衰。党和国家领导人多次强调关键核心技术是"国之重器"，装备制造业是"国之重器"，重大科技创新成果也是"国之重器"，都要牢牢掌握在我们自己手里。新中国成立后，围绕国家重大战略需求，"两弹一星""神舟飞船""高铁""大飞机 C919""西电东送"等"国之重器"建设着力攻克关键核心技术，抢占事关长远和全局的战略制高点，不仅为我国经济繁荣发展和社会稳定进步提供了重要的安全保障，也为中华民族伟大复兴奠定了战略基石。不可否认的是，当下仍然存在高端芯片技术、操作系统等关键核心技术被国外"卡脖子"困境。这使我们清醒认识到，我国科技创新基础还不牢，关键领域核心技术受制于人的格局还没有完全改变。因此，总结中国较为成功的"国之重器"技术进步之道，有助于为破解"卡脖子"困局，推动科技实力从量的积累迈向质的飞跃、从点的突破迈向系统能力提升，提供理论依据与实践启示。

当前，科技创新已经成为国际战略博弈的主战场，围绕科技制高点的竞争空前激烈。立足中国现实，党和国家提出"加快实现高水平科技自立自强，加快建设科技强国"。实现高水平科技自立自强是国家强盛和民族复兴的战略基石，谁牵住了科技创新这个"牛鼻子"，谁走好了科技创新这步先手棋，谁就能占领先机、赢得优势。反之，则会导致发展动力衰减。面对新时代新征程，我们要坚持把国家和民族发展放在自己力量的基点上,以高水平科技自立自强的"强劲筋骨"支撑民族复兴伟业。

何为技术进步

技术进步作为驱动经济增长的根本动力,受到经济学界、管理学界的持续关注。相关研究呈现出从技术进步的外生性向内生性、从重视有形资本投入(如资金、劳动力)向无形资本存量(如知识和人力资本)演进的基本态势。

技术进步的内生性作为学术界对技术进步的普遍性认知出发点,其由内而生的过程和机制受到关注。如阿罗的"干中学"模型和宇泽弘文的两部门模型,从内生技术进步视角修正了外生技术进步模型[1]。他们的研究将技术进步视为资本积累的副产品,即不仅厂商的投资及社会劳动资源的投入可以提高生产效率,劳动资源的"学习"也可以提高生产效率。然而,这一视角仅将技术进步定义为劳动生产率的提高,忽视了其作为产品质量改进和新产品诞生的重要表现形式及其背后动因。而罗默的内生增长论,则强调知识和人力资本存量的重要性,指出创新能使知识成为商品,人有意识的行为有助于带来新产品。

---

[1] 基于新古典增长理论的外生技术进步视角,特别是由此衍生出"后发优势论",强调后发国家通过大量投资并直接采用发达国家的既有技术,跨越一些不必要的发展阶段。

后续主流研究更进一步提炼了技术进步的关键问题，强调将技术进步视为经济行为人因应激励的结果。激励因素维度可分为解释技术进步的宏观维度与微观维度。宏观维度包括国家层面整体技术差距、环境参数调节对后发国家技术追赶的影响，以及市场层面竞争机制、需求规模对创新活动的激励。微观维度则指向企业视角和网络视角，关注创新主体内部的学习行动、组织结构变革以及主体间互动的结果。而后发国家要进入已有工业领域并实现技术进步，需要从引进、模仿开始，具体表现为"OEM—ODM—OBM"[①]"引进—消化—吸收—再创新"等路径。

后发国家的技术进步：技术追赶

从现代世界经济发展史看，美国追赶英国、日本追赶美国和亚洲"四小龙"追赶西欧国家，每一次跨越无不是技术进步推动的结果。21世纪伊始，随着以中国为代表的新兴经济体的崛起，学者们开始关注后发国家技术进步模式。相较于先发国家技术进步，后发国家技术进步呈现出不同的特征。一方面，后发国家强烈的技术追赶意识、较低的技术创新转换成本优势以及特有的"后发优势"，为其技术追赶提供了契机。另一方面，新技术并不是无中生有被"发明"出来

---

① 原始设备制造（original equipment manufacture，OEM）、原始设计制造（original design manufacture，ODM）、自主品牌制造（original brand manufacture，OBM）。

的，而是基于现有技术被建构、被聚集、被集成而来的，现有技术又源自先前的技术。技术"组合"和"递归"的特征，促使发达国家基于已有的先进技术进行持续迭代创新，而后发国家只能基于薄弱的技术基础缓慢前行，这进一步拉大了后发国家与发达国家的技术差距。技术"弯道超车"现象尽管存在，但也无法摆脱技术本质及其发展的规律性。这也是后发国家即便加大技术研发力度与资金投入，也无法短时间内赶超发达国家技术水平的重要原因。跳板视角（springboard perspective）指出，新兴经济体中的跨国企业可把国际扩张作为跳板来获取资源。郑刚等认为技术并购已成为开放式创新条件下后发企业快速提升创新能力的重要方式。上述研究均指出后发国家的技术创新起点是技术追赶，引进和模仿外国技术是后发国家实现技术追赶的途径，并识别了后发国家技术追赶的特殊因素及其特征，认为在技术创新普遍规律的基础上，后发国家技术进步各自具有特殊性，不同的后发国家体现出不同的技术进步特征。

中国技术进步的特殊语境

马克思主义辩证唯物论的认识论强调，理论的基础是实践，理论从实践中来，经实践检验而不断完善。因此，欲构建一套适用于分析中国技术进步实践的理论体系，需要从梳理中国技术赶超与技术进步的实践历程入手。这一历程可分为以下三个阶段：

第一阶段，洋务运动时期。这是中国近代史上第一次真正意义上向西方学习的自救自强运动，由此开启了中国学习、效仿和追赶西方的近代化工业之路。但由于洋务运动以不触碰腐朽的封建制度为前提，几十年洋务运动的成果最终被中日甲午一战尽数抹去。1896年李鸿章访问德国，问了俾斯麦这样一个问题：用什么方式，才能让中国跟德国一样强？阿布拉莫维茨（Abramovitz）认为，"后发国家可以通过学习先进国家的技术而获得更高增长率，但有限制变量，即一个国家只有技术落后但社会（制度）先进（socially-advanced）时"。这间接回答了李鸿章之问。回顾中国技术赶超的屈辱历史，一个落后的农业国，要想追赶上已经领先一两百年的西方工业和科技，到底欠缺了什么？缺少国家主权的完整与先进的社会制度，一国的技术追赶能实现吗？

第二阶段，新中国成立初期。因面临社会主义建设经验缺乏和西方资本主义封锁的艰难处境，中国政府在全国范围内掀起学习苏联的热潮。"一五"时期，苏联对新中国工业领域提供了156个援助项目，为我国初步建立完整的工业体系奠定了坚实的基础。但同时期，也出现了"造不如买、买不如租"的不同声音。伴随着中苏关系交恶，苏联撤回了所有的专家与援助，中国经济发展与技术追赶再次被"卡脖子"。迫于当时的压力，中国政府发出了"独立自主、自力更生"的宣言，在美苏技术封锁的夹缝中进行技术追赶，但技术进步遭遇了巨大阻碍。

第三阶段，改革开放时期。中国打开国门，看到了与西方发达国家的差距，产生了"技术引进"的巨大需求。这种差距既有中国作为后发国家所难以避免的与先进国家的差距和缺乏持续改进所导致的差距，还存在结构性的技术差距。为了实现中国工业现代化目标，我国于20世纪80年代大规模引进西方国家的技术设备，部分工业领域搁置了独立自主、自力更生的方针政策，也在一定程度上忽视了关键技术的能力积累与研发人才培养。例如，中国大飞机走过了一段艰难、坎坷、曲折的历程。1970年8月，中国第一个大飞机项目——运十飞机项目正式启动。运十飞机于1980年9月成功首飞，中国由此成为继美、苏、英、法后第五个研制出100吨级飞机的国家。但由于各种原因，运十飞机项目被搁置，中国大飞机制造项目自此长期徘徊、举步不前。进入20世纪90年代，中国工业仍缺乏自主创新。一方面，企业倾向于通过购买外国技术来应付燃眉之急，不重视对技术研发的投入，短期行为盛行。在科研选题方面，我国采取跟随模式，美国干什么我们才能干什么，如果美国还没有开展，这个课题就难以立项，因为没有立项的理由。联想集团的"科工贸"还是"贸工科"的路线之争，映射出当年大多数中国企业的焦虑与战略选择之困惑。另一方面，外资大量涌入，特别是珠三角和长三角地区，利用外资融入全球价值链分工体系，迅速拉动当地GDP，推动了出口贸易繁荣。当时有些观点甚至认为自主创新为"关起门来自己搞"，阻碍技术进步，因此推崇"以市场换技术"的实用主义。其本质依旧是"造不如买、买不如租"思想的翻版。历史总是有惊人的相似之处，只是主体不同而已。

纵观上述三个阶段，既经历过与外界技术交流的中断，也经历了对国外技术的推崇与依赖,并在照搬他国模式中,逐渐丧失了自身核心技术研发能力。几十年来,中国技术追赶始终辗转于"封闭"还是"开放"、"完全的自主知识产权"还是"依赖技术引进"之间,几经迷失。这也进一步折射出中国经济发展与技术进步的实践活动,缺乏一以贯之的哲学指导思想与理论体系。

究其原因,中国在远落后于世界技术知识前沿的状态下开始技术赶超,必然面临着不同的特殊情境。西方国家技术创新经由"科学—技术—生产"的路径扩散,而后发国家进入世界工业体系时,面对巨大的技术落差,往往选择从较容易追赶的产业与生产环节起步。如早期中国经济发展的战略是以生产设备与技术引进为起点,从全球产业价值链的最低端开始艰难爬升。中国在技术创新战略上,则主要受西方比较优势战略理论或后发优势战略理论的影响。比较优势战略理论认为,一国的产业结构和技术结构内生决定于经济的禀赋结构,一国发展战略能否充分利用本国比较优势将决定其长期绩效。对中国而言,其比较优势主要表现为廉价劳动力。按照比较优势战略理论,中国工业化进程会长期停留于劳动密集型产业。后发优势战略理论是指后发国家通过充分发挥后发优势,缩小与发达国家在资本、技术、结构、制度等方面的差距,加快经济发展速度,力求通过模仿创新实现经济和技术的追赶,后来居上。

上述两个理论都有一个默认假设:技术是一件公共物品,可以免费享受或通过市场交易获得。但不可忽视,技术亦具有缄默知识性质，具有私有属性。掌握技术的先发企业或国家会阻碍技术扩散。而"国之重器"作为包含大量关键核心技术的复杂产品，其缄默知识远多于一般产品。因此，所谓"卡脖子"技术多出现在"国之重器"领域，且无法通过市场交易获得。由此可见，运用西方主流的经济学理论或后发国家的经济学理论指导中国技术进步的实践活动，都有其明晰的局限性。中国经济发展与技术进步的实践活动，迫切需要总结、提炼一套可以指导或诠释中国"国之重器"技术进步的知识体系和理论模型。

中国"国之重器"技术进步

中国的技术进步理论体系需建构于中国的技术进步实践活动之上。回首中国技术进步历程，纵然历经多次跌宕、长期徘徊，但依然有一大批"国之重器"涌现。

其中就有在一开始就坚定不移选择自力更生的中国载人航天工程，该工程关系到国家战略部署与军事安全。各国都对自身的航天技术实施严格的管控，因此，航天关键技术是花再多的钱也买不来的，只能依靠自力更生、自主创新。一名航天老专家感慨地说："如今但凡能让我们在国际上挺直腰杆的事，大多都是被西方给'逼'出来的。当年的'两弹一星'，后来的'银河''北斗'，再到如今的中国空间站，皆是如此。"正是在这样迫切且艰难的背景下，中国载人航天工程首先在短时间内完成了"送中国人安全上天再返回"的高难度、高风险任务，又如期实现了"三步走"①发展战略目标。该工程致力于在太空建成永久性中国空间站，为和平利用太空和开展国际合作交流打下坚实基础。据统计，中国载人航天工程共获得国家科学技术进步奖特等奖2项、一等奖1项，省部级科学技术进步奖677项，专利4 000余项。这些技术切实带来了国家科技重大进步和国际竞争力的显著提升，也保障了中国载人航天工程30年厚积薄发、行稳致远。

其中还有从跟跑到领跑的中国盾构机工程。盾构机②作为世界上最先进的全断面隧道施工特种专业机械，已广泛用于铁路、地铁、公路、市政、水电等隧道工程，号称"世界工程机械之王"。2005年之前，中国绝大多数盾构机市场被国外品牌垄断。近年来，中国的绝大部分、全球2/3的市场由中国铁建重工集团股份有限公司（简称铁建重工）、中铁工程装备集团有限公司（简称中铁装备）等几家中国头部企业所占有，形成中国攻克"卡脖子"技术的一道亮丽的风景线。2021年，在全球全断面隧道掘进机制造商5强榜单中，中国有4家企业上榜，其中铁建重工超越世界知名厂商——德国海瑞克，位居榜首。这标志着中国盾构机作为"中国名片"被公认为世界级领跑产品。

此外，还有中国商用客机、大型长航时无人机工程等，都以各具

---

① 第一步，发射载人飞船，建成初步配套的试验性载人飞船工程，开展空间应用实验；第二步，突破航天员出舱活动技术、空间飞行器交会对接技术，发射空间实验室，解决有一定规模的、短期有人照料的空间应用问题；第三步，建造空间站，解决有较大规模的、长期有人照料的空间应用问题。

② 在国际上，将用于软土层和岩石层的隧道掘进机都称为广义的盾构机。为表达方便，本书中盾构机均指的是广义的盾构机。

特色的技术进步路径实现华丽转身。一幅幅"国之重器"技术进步的画卷在神州大地徐徐展开，这些鲜活的实践案例为回应"中国技术进步何以产生"提供了具有中国情境的客观事实和丰富数据。由此不禁要问：这些"国之重器""如何"以及"为什么"能够在这样独特的中国情境下实现技术进步？其背后又蕴含着哪些与之对应的独特模式和条件？为回应这些时代之问，需要依托中国故事，提出中国方案，贡献中国智慧，以追根溯源、回归案例本身、究其根本。

2. 聚焦"国之重器"技术进步的典型案例

本书的核心内容，是在五篇已发表的研究案例论文以及四篇已获奖并被国内知名案例库收录的教学案例[①]的基础上丰富、凝练而成的。这些研究虽然是分别独立完成的，但它们立足不同角度，围绕同一主题——"国之重器""如何"以及"为什么"能实现关键核心

---

① 这四篇教学案例关注的"国之重器"（即中国盾构机、中国长航时无人机、中国商用客机、中国载人航天工程）与五篇研究案例的研究对象保持一致，但开发目的不同。教学案例侧重于将管理理论运用于管理实际，多用于课堂教学，即为学生创造身临其境解决问题的学习环境，目的在于提高学生分析问题和解决问题的能力。因此教学案例与研究案例在案例故事的写作、案例结论的呈现、理论知识点的定位等各方面均有所不同。由此也展示了笔者团队一直践行的"一企多案"，全面服务于研究、教学、育人各环节的模式。

技术突破而徐徐展开。为了让"国之重器"更具立体画面感，也为了让核心论点更能站得住脚，本书在案例对象的选择上涵盖"地空天"三大领域的五个"国之重器"。其中：遁地看中国盾构机，升空（地球大气层空间）看商用干线客机、商用支线客机、大型长航时无人机，飞天（地球大气层外）看中国载人航天工程。五个案例对象和六个核心观点，共同对"国之重器"技术进步这一主题进行立体化、全景式呈现与纵深性分析。

中国盾构机案例

第一个案例研究核心观点：中国盾构机之所以突破"卡脖子"技术，关键在于识别了技术"赶"与"超"两个阶段的"悖论"，并通过"双循环创新组织模式"解决了关键问题。

盾构机作为"国之重器"技术追赶的世界级现象并没有得到国内管理学界应有的重视，此领域研究尚处于空白状态。因此，本案例旨在通过复盘中国盾构机突破西方技术封锁的赶超过程，提炼中国企业技术赶超的路径与创新组织模式。本案例研究发现：

复杂产品系统的技术赶超分为起步期与加速期两个时期，前者的难题是如何破解从无到有的"冷启动"悖论，后者的难题则在于如何解决新产品技术升级与老产品迭代创新的矛盾。

为解决上述两个难题，中国盾构机头部企业另辟蹊径，创造出"双循环创新组织模式"，即由核心企业联合产学研其他创新主体，自上而下破解"冷启动"悖论，自下而上解决新产品技术升级与老产品迭代创新的矛盾。上述创新模式既不同于发达国家在已有核心技术基础上的再创新，也不同于后发国家所遵从的"生产—工程—创新"的逆 A-U 模式①。

中国大型长航时无人机案例

第二个案例研究核心观点：中国大型长航时无人机之所以能实现从零到一的跨越，关键在于实现了从基础研究到新产品开发平台的原始创新，这需要国家需求与技术实现双驱动。

大型长航时无人机是留空时间长、作业覆盖区域广、在空间攻防和信息对抗中发挥重要作用的战略性型号产品，世界各国都在抓紧研制且实施严格的技术封锁。21世纪初中国也围绕这款型号产品积极立项，由北京航空航天大学（简称北航）中标并筛选、协调了多家参研和配套单位，共同组成大型长航时无人机"国家队"。历经7年左右，中国大型长航时无人机实现了从零到一的突破，推动了中

---

① 阿伯内西（Abernathy）和厄特巴克（Utterback）针对产业研发活动提出的创新类型、创新倾向与频率分布形式和阶段转换的模型，揭示了产业演进中产品创新的过程模式——阿伯内西-厄特巴克过程创新模式，即 A-U 模式（A-U model）。但此模式更适用于诠释先发国家的创新模式。对此，金麟洙针对创新资源缺乏、以技术追赶为主要特点的后发国家特征，提出了与先发国家不同的过程创新模式，即逆 A-U 模式（the reverse A-U model）。

国大型长航时无人机技术的跨越式发展。因此，该案例以研究型大学服务国家战略工程，牵头研制长鹰无人机的过程为对象开展研究，旨在提炼以"国之重器"为载体的原始创新内涵以及如何走向原始创新的模式。本案例研究发现：

原始创新体现为从基础研究到原创的新产品开发平台的研制过程，具有架构原创性、系统突破性、平台基础性三大特征。

原始创新的实现需要国家需求与技术的双驱动，即由兼具战略性与技术专业性的使用总体单位，将国家需求转化为有可操作性的国家战略工程项目，而研究型大学作为研制总体单位，通过对内举全校之力、对外协同创新的方式，把国家战略工程项目转化为首创的新产品开发平台。需求与技术相互依存、互为根本，共同驱动原始创新的实现。

中国商用支线客机案例

第三个案例研究核心观点：中国商用支线客机[①]之所以能实现

[①] 客机广义上指民用飞机。民用飞机即一切非军事用途的飞机。根据用途，民用飞机又分为执行商业航班飞行的航线飞机（即商用客机）和用于通用航空的通用航空飞机两大类。根据航程、规模，客机可分为支线客机和干线客机。(1) 支线客机主要指用于局部地区短距离、小城市之间、大城市与小城市之间旅客运输的飞机。飞行距离在600～1 200公里，座位数在50～110座，多为中型以下的飞机。(2) 干线客机一般指用于国际和国内航空运输中载客量大、速度快、航程远的航线的飞机。国际航程在5 000公里以上，国内航程在3 000公里以上；国际载客量在150人以上，国内载客量在100人以上；多为中型以上的飞机。

面向商业运营的技术进步，关键在于识别与破解总体设计、制造总装、适航取证三大环节的矛盾，构建了基于复杂系统管理的技术追赶模式。

商用客机被公认为高端装备制造业的"皇冠"，集中体现了一个国家的科技水平、工业基础与经济实力。后发国家企业如何实现此类复杂产品的技术进步，是管理学界亟须解答的时代之问。本案例基于复杂系统管理视角，以商用支线客机研制过程为研究对象，探究复杂产品技术追赶模式。本案例研究发现：

运用复杂系统思维可辨析商用支线客机技术追赶的复杂特殊性问题与特征。

运用复杂系统的整体论与还原论可构建以解决关键问题为导向的技术追赶模式。本研究将复杂系统思维引入高端装备技术追赶的研究领域，提炼了复杂产品技术追赶的特征与模式，既拓展了复杂系统管理理论的应用边界，也丰富了技术追赶理论，并对指导中国复杂产品企业的技术创新具有重大启示。

中国商用干线客机案例

第四个案例研究核心观点：中国商用干线客机之所以能在搁置、徘徊中实现自主研发技术的突破，关键在于实现航空产业链前端总体设计的自主可控，构建了基于飞机的结构件与系统件而形成的主制造商与组件供应商合作的主供模式。

C919 干线客机一飞冲天，标志着中国在复杂产品创新领域实现了历史性突破，打破了在此之前中国干线客机研制长期受制于人的困局。因此，本案例旨在复盘 C919 干线客机研制及技术追赶过程，探究复杂产品技术追赶模式。本案例研究发现：

中国商用干线客机从航空产业链前端总体设计开始技术追赶。因为复杂产品与一般产品技术创新路径不同，既引进不来技术，又难以从"逆向开发"起步。

后发国家实行复杂产品技术追赶的独特模式——主供模式。主制造商与组件供应商构成中国商用飞机有限责任公司（简称中国商飞）的成长型主供模式，举全国之力联合攻关，实现主供一体化，化解经典理论中主制造商与组件供应商的合作悖论；以合资合作方式，平衡关键系统组件技术自主可控与全球资源开放共享的关系。

国家意志与企业抱负的有机统一是后发国家技术追赶模式成功的重要条件。以技术追赶与共同成长为导向的成长型主供模式，不同于以全球价值链低成本采购为导向的成本型主供模式，前者强调突破关键技术和推动产业升级，而后者则强调降低成本与提高效率。

中国载人航天工程案例

围绕第五个案例即中国载人航天工程形成了两个研究视角：其一，从工程伦理视角探讨重大工程决策问题；其二，从系统架构视角探讨复杂系统的技术组合进化问题。二者本质上共同回答了"国之重器"何以实现技术进步的问题。由此形成本书的第六章和第七章,核心观点如下:

第六章指出:载人航天工程是规模庞大、系统复杂、关键技术多、可靠性和安全性要求极高、极具风险性的国家重大工程。自1992年立项以来,中国凭借神舟系列载人飞船、天宫系列空间站等型号任务,取得了举世瞩目的辉煌成就。然而中国追逐"飞天梦"的历程远不如所看到的这般一帆风顺,围绕载人航天工程"干不干"和"怎么干"的决策过程,出现过多次决策伦理冲突。载人航天工程为什么历经7年研讨论证,却迟迟难以上马?"机派"(采用小型航天飞机)与"船派"(采用多用途载人飞船)的总体方案之争,"两舱"与"三舱"的技术路线之争,隐含着重大工程决策的哪些伦理困境?最终载人航天工程的破局之道又体现了哪些中国特色的伦理思想?这些伦理思想能为重大工程的伦理决策带来哪些启示?本案例旨在引导读者了解重大工程决策的伦理思想以及化解工程伦理问题的分析工具,在此基础上深入思考中国特色的"和而不同"伦理思想的内涵及其与载人航天精神的联结。由此从决策的伦理思想和精神层面为理解"国之重器"技术进步提供全新切入点。

第七章指出:中国载人航天工程之所以能用30年实现"三步走"发展战略目标,关键在于总体系统与关键系统两个层级的技术管理难题的识别与化解。系统架构稳健性与创新性的二元性,则是化解难题、实现中国载人航天工程行稳致远的有效机制。

中国载人航天工程的成功实施，体系化地突破了系列关键核心技术，推动了技术进步，然而已有的主流技术进步理论对此关注不足。因此，该案例以中国载人航天工程为研究对象，引入系统架构这一整体性设计思想，从总体系统、关键系统以及二者之间的对立统一关系出发，分析国家重大工程技术进步的过程与机制。本案例研究发现：

重大工程的技术进步作为复杂系统管理问题，表现为总体系统（如载人航天工程）与关键系统（如神舟飞船、空间站等）两个层级上的技术管理难题。前者的挑战在于，如何在众多约束条件下解决总体系统安全性与关键系统多功能性的矛盾，以实现系统架构的稳健性。后者的挑战在于，如何处理好关键系统技术先进性与可持续迭代性的关系，以实现系统架构的持续创新。

兼顾稳健性与创新性的系统架构二元性是解决上述两个难题的关键，也是推动重大工程技术进步的核心机制。顶层设计稳健的总体系统是关键系统创新的前提，而关键系统持续创新则是实现总体系统功能的保障。二者基于相互依赖、动态适应的特征，共同推动中国载人航天工程行稳致远。

以上是本书基于案例研究和教学案例所呈现的五个案例对象以及由此延伸出的六个核心观点，从而形成了本书接下来的六个章节。上述观点并没有也不可能穷尽有关技术进步的所有问题，但它们在特定的情境下，足以系统描述与概括"国之重器"技术进步的内涵、路径、机制和条件。

由此回到本书的主旨——"国之重器"的技术进步，是一个既具有实践活动独特性又具有深刻理论内涵的科学问题，回应这一问题需要基于丰富、独特的中国实践活动开展案例研究。因为案例研究是将实践问题概念化、理论化、系统化的重要载体，也是构建中国学术体系的重要技术路线。迄今为止，传统案例研究方法主要侧重于通过文献研究提出研究问题与分析框架，再戴着理论的"眼镜"观察解读案例，去进一步验证或发展管理理论。这类案例研究方法或许适用于研究成熟的、确定的研究问题，但不适合研究"国之重器"复杂且不确定的问题。因为，作为"国之重器"的关键核心技术，其研发与应用过程极其复杂，又面临技术封锁与时间压力的特殊情境，其技术进步过程难以用已有理论进行诠释。目前，唯有基于中国实践活动提出科学的研究问题，探寻管理实践背后的内在学理逻辑，进行理论创新。

本书认为在"国之重器"不断刷新中国高度、中国深度、中国广度的当代，复杂而前沿的宝贵实践向案例研究提出了塑造管理学理论本土化、时代化品格的呼唤。这要求案例研究一方面要避免用理论"裁剪"案例而造成"削足适履"之困境，另一方面也要谨慎使用西方主流的编码方式，以免对复杂问题过度"还原"而损害了问题的整体性。同时，还要避免"既然成功了就一定是因为某个或某些做法"的功能式解释。事实也证明，原创管理理论的发现多源于重大的管理实践，并通过案例研究总结提炼而成。因此，本书致力于沿着中国波澜壮阔的实践，注重从案例本体出发，加强对关键问题和科学内涵的提炼，降低理论预设、铺设的轨道性，探讨中国管理学术的自主知识体系。

参考文献

邓孟. 梦圆"天宫"：中国载人航天工程三十年发展历程和建设成就综述（二）.（2023-03-07）[2023-05-04].https://www.cmse.gov.cn/xwzx/202303/t20230307_53031.html.

范红忠. 有效需求规模假说、研发投入与国家自主创新能力. 经济研究，2007（3）.

黄冬娅，刘万群. 技术进步何以产生？：关于技术进步的四个理论视角. 新视野，2021（2）.

黄先海，宋学印. 准前沿经济体的技术进步路径及动力转换：从"追赶导向"到"竞争导向". 中国社会科学，2017（6）.

饶扬德. 创新网络、创新生态与企业自主创新. 软科学，2007（3）.

熊彼特. 资本主义、社会主义与民主. 吴良健，译. 北京：商务印书馆，2009.

ANZAI Y, SIMON H A. The theory of learning by doing. Psychological review, 1979, 86(2).

ARROW K J. The economic implications of learning by doing. The review of economic studies, 1962, 29(3).

DURLAUF S N, KOURTELLOS A, MINKIN A. The local Solow growth model. European economic review, 2001, 45(4-6).

HOBDAY M. East Asian latecomer firms: learning the technology of electronics. World development, 1995, 23(7).

KIM L. Stages of development of industrial technology in a developing country: a model. Research policy, 1980, 9(3).

ROMER P M. Endogenous technological change. Journal of political economy, 1990, 98(5).

SCHUMPETER J A, NICHOL A J. Robinson's economics of imperfect competition. Journal of political economy, 1934, 42(2).

UTTERBACK J M. Innovation in industry and the diffusion of technology. Science, 1974, 183(4125).

UZAWA H. On a two-sector model of economic growth. The review of economic studies, 1961, 29(1).

第二章
中国盾构机：双循环创新模式 *

盾构机作为世界上最先进的全断面隧道施工特种专业机械，已广泛用于铁路、地铁、公路、市政、水电等隧道工程，号称"世界工程机械之王"。中国盾构机同神舟飞船、高铁一样，被公认为世界级领跑产品、"国之重器"。2005年之前，中国绝大

---

* 本章内容：其一，主要源自论文《拨云见日——揭示中国盾构机技术赶超的艰辛与辉煌》，发表于《管理世界》2021年第8期，作者为欧阳桃花、曾德麟。该论文荣获《管理世界》2021年度优秀论文，2022年入选教育部学位与研究生教育发展中心评选的示范"案例研究"成果（社会科学领域仅有十篇研究案例论文首次获此荣誉）。其二，部分源自教学案例《铁建重工从跟跑到领跑："国之重器"盾构机的技术赶超矛盾与破解》。案例来自中国管理案例共享中心，并经案例作者同意授权引用。案例由北京交通大学经济管理学院的曾德麟，北航经济管理学院的欧阳桃花、崔宏超、倪泽波、蔡家玮，北京博睿志承企业管理有限公司的龚克撰写，入选第十三届"全国百篇优秀管理案例"。

数盾构机市场被国外品牌垄断。近年来，中国的绝大部分、全球2/3 的市场由铁建重工、中铁装备等几家中国头部企业所占有，形成中国攻克"卡脖子"技术的一道亮丽的风景线。2022 年，在全球隧道工程装备制造商 5 强榜单中，铁建重工超越世界知名厂商——德国海瑞克，位居榜首。这标志着中国盾构机行业开始领跑世界。

中国盾构机行业在对国外先进技术进行"引进—消化—吸收—再创新"的基础上，探索出了一套独特的"中国盾构模式"：央企国企主导，政府全力支持，顺应时代发展，优势领域精准创新；在学习中追赶，在追赶中超越，一步步从盾构大国到盾构强国。这一普适性的"中国盾构模式"虽然一定程度上可以诠释中国盾构机赶超之谜，但仍然难以解答为什么是中国盾构机实现了突破。其他关键技术如芯片技术、航空发动机技术等，同样具有"央企国企主导，政府全力支持，顺应时代发展"的特征，但为何还是被卡了脖子？

上述现象并未得到管理学界的足够重视与充分诠释。已有技术赶超的理论中，后发国家追赶一般采用逆 A-U 模式，即后发国家企业的技术创新起始于引进、模仿，遵从"生产—工程—创新"循序渐进的发展路径。但是，该理论难以诠释中国盾构机技术赶超之谜，因为中国盾构机是在时间紧迫且技术被封锁甚至被遏制的双重约束困境下实现技术赶超的。

1. 复杂技术赶超的整体情境

为拨开中国盾构机突破"卡脖子"技术的迷雾，本章拟复盘过程，直追"真"因。面对技术封锁，中国为什么能够"十年磨一剑、砥砺终摘冠"，突破盾构机关键核心技术，成为世界公认的技术领先国家？对此，本章拟从界定盾构机技术特性、过程研究必要性、解释结果这三点切入、展开，这也是本章研究中国盾构机技术赶超的分析框架，即"赶超起点—过程—结果"。

确立关键切入点

首先，要认识到盾构机是大型复杂技术系统。大型复杂技术系统是一个经济体在技术、能源、交通、通信等方面的基础设施，其开发、建设、运营涉及多个行为主体，包括企业、政府、社会组织和监管机构，体现了物理复杂性、系统复杂性与管理复杂性。系统之间存在高度的相互依赖性，不能完全分解为模块。大型复杂技术系统在一个特定的范围内塑造了政府、企业和市场的边界，使市场关系受到"看得见的手"或"看得见的脑"的协调。盾构机是由盾构壳体、推动系统、拼装系统、出土系统组成的大型复杂技术系统，具有根据隧道、水利等工程环境进行高度定制化研制的特征，该特征决定了盾构机的技术设计、制造都必须与工程项目紧密结合。因此，中国重大工程建设数量与中国复杂的施工环境有利于推动盾构机的技术进步。

其次，中国盾构机技术起步于成熟的整机架构模仿，进而在盾构机架构与核心零部件上取得创新突破。国际主流创新理论认为产品创新可分为架构技术与零部件技术创新。架构技术决定性能特征，即产品应该有哪些功能，或者这些功能将以何种形式存在（如大小、形状等）。核心零部件决定产品执行某种功能的效率，即产品性能，如开挖速度、总推力、刀盘转速等。只有实现整机架构与核心零部件的技术创新，才可能奠定中国盾构机在世界的领跑地位。本章从国际主流创新理论即产品架构技术与零部件技术创新两个维度，复盘中国企业进入盾构机行业的过程与创新行为，发现了中国盾构机技术的创新路径不是"引进—消化吸收—改善提升"，而是另辟蹊径走出了一条独特的技术赶超之路。

最后，对中国盾构机赶超的研究要关注过程与变量解释。中国盾构机是继高铁之后的又一张中国名片，研究中国盾构机不仅要通过案例情境复盘其过程，还要探讨其过程背后"为什么"的学理。国际创新文献的主流同样把技术创新看作一个演化的过程：从熊彼特把经济体系内部的"创造性毁灭"看作经济发展的动力，到技术进步被概括为演化过程，再到把创新的各个方面概括为学习的过程。因此，对于充满不确定性、模糊的复杂的事件，过程解释有利于通过分析主体与客体、社会的互动来识别决定事件结果的关键变量。例如，大多数文献回避技术引进与自主创新之间的关系，盾构机实践派一方面总结中国盾构机技术的创新路径为"对国外先进技术进行引进—消化—吸收—再创新",另一方面又强调国外技术封锁,甚至"购买国外盾构机之后使用范围受到约束,维修时也不让中国人看"。这些总结自相矛盾,如果不去追溯这些变化以及变化顺序的原因,不在世界盾构机技术发展演变与中国盾构机发展过程的语境下讲关键时刻、关键事件的故事,就无从识别中国盾构机技术赶超的关键变量并给予合理解释。

"赶"与"超"的关键问题

国家重大工程实践的超前与理论研究相对滞后的现状,亟待管理学者深入探索中国最佳实践。围绕中国盾构机企业实践开展理论探索,必须确保对中国企业实践的敬畏与尊重,以利于对中国经验的深度理解,避免用国外管理话语体系来简单"裁剪"中国实践故事。因此,本章以盾构机的技术赶超为研究对象,旨在揭示中国盾构机企业"如何"与"为什么"在短时间内实现技术的"赶"与"超",重点探讨以下三个问题:

面对技术封锁,中国盾构机技术进步的起点是什么?起点之所以重要,是因为后发企业在技术追赶过程中会遇到从无到有的"冷启动"悖论。后发企业需要通过吸收与利用外部技术知识来构建自身吸收能力,却又必须以自身具备吸收能力为前提条件。一个行为的结果恰恰是这个行为的前提。20世纪90年代,中国盾构机技术知识积累极其匮乏,没有吸收能力,同时又遭遇西方技术封锁。在这一大背景下，中国企业是如何选择创新起点并进行技术追赶的？

中国盾构机如何从"赶"到"超"，跨越技术鸿沟？技术鸿沟之所以成为后发企业技术赶超难以逾越的障碍，是因为面对创新不确定性风险，企业既需要投入大量资源开发下一代新产品，又要对已有产品进行持续迭代改进。在时间与资源的双重约束条件下，企业需要找到合适的模式，以跨越这一鸿沟。这也是绝大部分后发企业长期滞留在技术追赶阶段难以超越的根本原因所在。

为什么中国盾构机企业能够突破"卡脖子"技术并快速实现技术赶超？换言之，在同样的大背景下，同样是国家战略需求，央企国企主导，政府全力支持，但有些行业在关键核心技术上依旧被西方"卡脖子"，如芯片技术、光刻机技术等。因此，本章旨在结合中国盾构机企业波澜壮阔的实践活动，从行业内部揭开中国盾构机技术赶超之谜，构建中国管理理论话语体系，用于解读"国之重器"这一类产品创新的路径与机理。

综上，本章聚焦中国盾构机技术赶超的管理实践，旨在通过如下三个问题的探讨揭示中国盾构机企业"如何"与"为什么"在短时间内实现技术的"赶"与"超"，从行业内部揭开中国盾构机技术赶超之谜：（1）明确界定中国盾构机技术"赶"与"超"的起点与关键难题；（2）结合关键难题，分析盾构机行业头部企业铁建重工是如何跨越技术鸿沟的；（3）基于铁建重工成功经验提炼"为什么"

的学理，并解答为什么盾构机能实现技术赶超。由此，通过对基础相对薄弱而又受到西方技术封锁的中国企业的案例研究，本章从学理层面揭示中国企业攻克"卡脖子"技术的独特机理。

2. 盾构机技术进步演化

世界盾构机技术发展

盾构机伴随着城市建设中的隧道挖掘应运而生，其工作原理是利用外面构筑的"盾"保持挖掘时周围土体的稳定，通常形成一个圆形的护盾，为内部施工创造一个相对稳固的空间；而盾构机的"构"，是指在盾里面进行隧道切削、挖掘、排渣，进而推动隧道挖掘向前进行的一系列连贯施工组合。从世界范围看，盾构机经历了四次技术进化：起步于19世纪的英国，从简单的手掘式盾构机到增加了部分机械动力原理的半机械化盾构机，再到以泥水平衡式、土压平衡式为代表的盾构机，最终演化为广泛适用于复杂岩石地层的全断面岩石隧道掘进机。各阶段盾构机代表产品特征与功能如表2-1所示。

表 2-1　各阶段盾构机代表产品特征与功能

代表产品	特征与功能
手掘式盾构机	源于仿生学原理，掘削面敞露，采用人工支护，属于较早期的盾构机，没有广泛应用于施工。
半机械化盾构机	半敞开式盾构机，其构造简单、造价低，适用于流塑性高的软黏土层。开始引入基础工业技术，并逐步向自动化隧道挖掘方式转变。
土压/泥水平衡盾构机	属于闭胸式全机械盾构机，主要用于软土地层。前者通过刀盘切削下来的土体进入土仓，使其与掘削面上压力处于平衡状态；后者则是在开挖面的密封隔仓内注入泥水，通过泥水加压和外部压力平衡，以保证开挖面土体的稳定。
全断面岩石隧道掘进机	现代隧道掘进装备（tunnel boring machine，TBM）采用了机械、电气、液压、激光、控制等领域的高科技成果，运用计算机控制、闭路电视监视、工厂化作业，是集掘进、支护、出渣、运输于一体的大型成套设备。目前以大扭矩、大直径、大推力的 TBM 为主，广泛适用于复杂的岩石地层。

总体来看，自 20 世纪 60 年代起，以日本、德国为主体的盾构机综合技术得到了很大的提升，以美国、德国、日本为代表的掘进机技术已经相当成熟，取得了一系列的盾构机技术与工法的突破。中国早期进口的盾构机也基本来自德国海瑞克、日本川崎、美国罗宾斯等著名厂商。

目前，盾构机在城市隧道施工技术装备中已经确立了稳固的统治地位，成为必不可少的通用隧道施工技术装备。随着数字化、智能化技术的发展，盾构机行业也逐步进入了以全断面岩石隧道掘进机为代表的发展阶段。

中国盾构机行业的技术追赶

中国盾构机技术的研究始于20世纪60年代，当时的水利水电和煤矿等行业曾经研制过盾构机，并投入试用。但受当时国内基础工业水平、政治经济形势、产品开发思路及技术路线等多方面因素的影响，加之研制工作一度中断，中国研制的盾构机破岩能力弱、掘进速度慢、故障率高、可靠性差，无法满足隧道快速掘进的要求，因此未能推广应用。

直至1996年10月，中国开始使用现代化大型盾构机。当时国家为提升施工效率，决定从德国维尔特公司引进两台直径8.8米的盾构机，用于西康铁路秦岭隧道的施工。由此，秦岭隧道提前33天全线贯通，中国也拉开了频繁买进盾构机的序幕。从20世纪90年代至21世纪初，国内盾构机市场绝大部分被德、日、美三国企业垄断，国内施工单位不仅需要支付高昂的成本，还处处受制于人。时任铁建重工董事长兼首席科学家刘飞香回忆起当年的情形，依旧愤慨地说："自己是搞工程出身的，常年用国外产品没少受气，价格贵，配件与服务都跟不上。中国的高端地下装备不能受制于人。"①

首先，价格极其昂贵。当时一台普通的盾构机价格要数亿元人民币，如20世纪90年代秦岭隧道使用的盾构机单台价格就高达3亿元。其次，售后服务非常糟糕。国外厂商为了保持技术垄断，与

---

① 来自2019年10月29日—30日笔者团队对铁建重工的访谈。

中方签署了极其严苛的买卖合同，维修保养盾构机时禁止中方人员在场，而且售后所需的配件采用预售制，即有了配件更换需求要先下单，再由外方生产配付。等一个配件有时甚至需要一两年之久，严重延误施工进度。而外方派来的维修人员的工资，则以他从国外出发时间开始，以美元为单位进行计算，一个外方工程师一天的费用就高达几千美元，这就额外增加了盾构机的使用成本。更令人气愤的是，国外盾构机制造商并不重视国内施工方的需求与反馈，在中方使用的盾构机出现故障时，回应速度缓慢，维修耗时漫长。中方常常焦急万分却又不得不忍气吞声。

进入21世纪，随着我国的工程建设规模成倍增长，我国对盾构机的需求飙升至全球六成。面对中国施工企业对盾构机的海量需求与技术受制于人的尴尬局面，国家高层与相关企业对于自主研发、突破盾构机关键核心技术封锁的呼声渐起。

2002年8月，科技部将"直径6.3米全断面隧道掘进机研究计划"列入"863计划"①，标志着国家开始关注盾构机的自主研发。该盾构机项目通过揭榜挂帅的方式公开招标，最后由中铁隧道集团有限公司（简称中铁隧道）牵头，联合浙江大学、西南交通大学、中国第一重型机械集团等相关技术优势单位，对土压平衡盾构机开展联合技术攻关。首批项目组成员有18位，其中多数是刚毕业的大学

---

① "863计划"即1986年3月由国务院发起的"国家高技术研究发展计划"，凝练了我国发展高科技的战略需求。2016年，随着国家重点研发计划的出台，"863计划"结束了历史使命。

生，大多连盾构机都没见过。就是在这样困难的条件下，项目组不仅完成了直径 6.3 米土压平衡盾构机的主机结构、液压传动系统、刀具等研究设计，还培养出一批核心人才。之后"863 计划"持续资助更大直径的土压平衡盾构机的整机研制，进而推动了关键零部件如主轴承、刀盘刀具与测控系统等技术的突破。

2012 年，科技部再度资助国内领先企业牵头组建创新联合体，联合攻关大直径 TBM 关键核心技术的研究与应用。铁建重工牵头天津大学、浙江大学、中铁十八局等单位联合申报，获得约 5 000 万元资助。2012 年 7 月，中国工程机械工业协会掘进机械分会成立，国产 TBM 开始转入战略进攻阶段，国内市场逐渐转向以国产机器为主。

国家意志是大型技术系统赶超的启动器与加速器。通过国家项目资助的形式提供资金要素，培育必要人才，有助于后发国家掌握关键核心技术的原理性知识，为后期市场驱动的技术商业应用与竞争打下了坚实基础。仅 2012—2017 年，国家就资助了 15 项盾构机技术研究课题。

有了国家意志的推动，许多技术资金背景雄厚的央企、地方国企也纷纷参与盾构机的技术赶超，包括上海隧道工程有限公司（简称上海隧道）、广州广重企业集团有限公司（简称广州广重）、北方重工集团有限公司（简称北方重工）、中铁装备、中交天和机械设备制造有限公司（简称中交天和）、铁建重工等，相关企业如表 2-2 所示。在中国盾构机技术赶超过程中，曾出现多家盾构机厂商齐头并进的局面，但2016年以后，却转而形成了头部企业越发集中，大部分企业出局的新格局。铁建重工就是其中领先的头部企业之一。那么，铁建重工又何以成为中国盾构机行业领先企业？

表2-2 我国主要盾构机企业概况

企业名称	成立时间	企业类型	进入方式	特点
上海隧道	2014年7月	其他股份有限公司（上市）	自主研发	国内先驱，局部性市场，规模小
中交天和	2010年4月	国资委下属企业	自主研发	多业务发展，盾构机量产一般
北方重工	2007年1月	国有独资	并购跨国公司	面向海外市场，技术萎缩
中铁装备	2009年12月	大型国企	自主研发与收购	盾构机产业化，一主多元化
铁建重工	2006年11月	大型央企	自主研发	以施工技术为先导，专注盾构机自主研发

由表2-2可知，中国企业的技术赶超模式并不相同，具体可分为以下两种模式：

第一，自主研发模式。该模式以装备集成商为核心企业，联合国内的供应商、科研院所与用户进行联合攻关，实行科学原理、技术开发与工程应用三位一体的技术赶超模式。铁建重工因为自主掌握了盾构机的架构技术与核心零部件技术，其产品体系较为完整，并得到母公司中国铁建股份有限公司（简称中国铁建）的全方位支持，不仅在国内市场站稳了脚跟，还积极开拓国际市场，目前已成长为全球盾构机行业领先企业。

第二，并购/收购国外老牌企业或为国外企业代工，快速进入盾构机市场的模式。例如北方重工并购了德国维尔特控股公司/法国 NFM 公司，此后北方重工相对较快地进入了盾构机生产制造领域，并快速占领市场，但因为并购后对核心技术的掌握不全面，发展后劲不足。广州广重通过为德国海瑞克代工的模式进入盾构机领域，利用国外品牌的技术优势只做基础零件的生产和组装，发挥中国劳动力和土地资源价格的优势，但因为没有完全自主掌握盾构机的架构原理与关键零部件技术，所以在进一步赶超过程中依然后劲不足。这也再一次验证了关键核心技术买不来、引进不来的道理。

3. 破解"冷启动"悖论

成立于 2006 年 11 月的铁建重工被公认为中国盾构机行业的领跑企业，总部位于湖南长沙，隶属于世界 500 强企业中国铁建，是集隧道施工智能装备、高端轨道设备装备的研究、设计、制造、服务于一体的专业化大型企业。

从理论上讲，后发企业技术追赶一般起步于技术引进。成立之初的铁建重工也不例外，期望通过引进西方先进技术，快速进入盾构机领域。当时掌握盾构机技术的厂商集中在德国、日本等少数发达国家，这些厂商有强烈的技术封锁意识，即使中方高价购买了盾构机，也在合同中明确严禁中方自行修理，更不用说让中国企业引进其技术了。铁建重工被迫中断引进技术的梦想后，又寄希望于能与英国的盾构机企业合资建厂。但是经过几轮谈判，这家企业在技术和价格上都不肯让步，开出的条件极为苛刻。刘飞香拍案而起："谈不下去，就不谈了；既然要干，就自己干！"[①]

然而，缺乏盾构机技术知识积累与人才储备的后发企业又该如何"干"呢？

何为"冷启动"悖论

后发企业技术追赶往往会面临从无到有的"冷启动"悖论。"冷启动"是指在技术追赶的初期，后发企业知识和能力基础与先发企业相比，存在着巨大的初始差距，导致后发企业难以依靠自身能力，有效地吸收与利用先发企业的先进技术。由于复杂产品的技术门槛更高，并且掌握先进技术的先发国家会尽可能阻碍技术扩散，所以"冷启动"问题在复杂产品的技术追赶中变得更加突出。此外，用户

---

① 来自 2019 年 10 月 29 日—30 日笔者团队对铁建重工的访谈。

不敢用后发企业生产的产品则更加剧了"冷启动"悖论。因为盾构机属于高度定制化的高端复杂产品，施工单位没有理由不担心因首台盾构机品质差而影响施工进度。这进一步造成复杂产品技术赶超的经典困境：一方面，处于产业链下游的用户担心后发企业品质不过关而不敢用；另一方面，如果复杂产品在市场中得不到验证，后发企业就无法获得不断改进技术的机会，也就不敢继续投资新技术开发。那么后发企业应如何破解"冷启动"悖论？

铁建重工 2006 年成立，2008 年开始启动盾构机研制，仅用两年时间就破解了悖论，实现了技术追赶。

起步期起点：研制土压平衡盾构机

后发企业选择合适的技术追赶起点至关重要。成立之初的铁建重工，选择了土压平衡盾构机作为技术起步期的起点，因为土压平衡盾构机的技术较为成熟，又可满足中国市场的需求。而技术更先进的硬岩 TBM 对当时的铁建重工而言，技术过于超前。铁建重工正是以土压平衡盾构机为起点，在盾构机市场迅速站稳了脚跟。土压平衡盾构机作为高度集成化的机械装备系统，其关键零部件比如管片模具、隧道皮带传送机等已经相对完善。后发企业可以通过建构技术创新聚焦于产品的核心功能开发，缩短新产品的开发周期。从半机械化盾构机到土压平衡盾构机，海瑞克用了约 10 年时间，而铁建重工选择直接从成熟的土压平衡盾构机开始研发，两年时间首台盾构机就顺利下线，大大压缩了技术追赶的时间。

组建人才团队、开发整机架构

在技术赶超的起步期，首先要解决人才短缺的问题。当时的中国，见过盾构机的人都很少，更别说研发制造了。幸运的是，自2002年盾构机研制被列入"863计划"起，盾构机项目培育了一批基础人才。技术出身的刘飞香邀大学同学帮忙分析现状并为当时的盾构机研制人才排序，然后制定灵活的人才引进与激励政策。时任总经理程永亮曾参与多个"863计划"课题研究，是技术骨干。刘飞香"三顾茅庐"邀请他来铁建重工，并管理研发团队，其工资比时任董事长的他自己还高。

另外，复杂产品的整机架构技术对于行业新进入者而言门槛较高，后发企业内部人才储备往往不足，外部市场上的人才也是极度稀缺。如何有效地识别与聚拢人才成为后发企业实现"冷启动"的关键一步。这既需要决策者具有懂人、识人的能力，还需要灵活的人才引进与激励政策。铁建重工作为央企子公司，能有上述灵活的人才引进与激励政策，得力于时任董事长刘飞香的"魄力"。企业创建之初，刘飞香向总部要得最坚决的就是政策，他认为只有政策才能吸引人才，留住人才。他是一个十足的"技术控"，亲自兼任技术中心主任，10多年来边学边干，醉心钻研技术难题，同时，为了搜罗顶尖技术人才，"掘地三尺、不拘一格"。铁建重工十分重视科技人才，长期坚持两个"不低于"，即研发人员占比不低于20%，研发投入占比不低于5%，目前公司拥有规模庞大的技术团队。

组建技术团队之后，铁建重工将目标转向整机架构技术。由于西方企业的技术封锁，后发企业能买到产品，却无法引进关键核心技术。架构技术决定一个企业是否拥有整个产品的知识产权。铁建重工通过对盾构机产品的层层分解与学习，解决了产品"从无到有"的问题。在经历了无数次的递归性模块拆解和组装后，铁建重工终于可以在实验室阶段实现国外盾构机的功能。层层分解与学习的技术追赶模式，有助于后发企业构建必要的知识基础，具有节约成本、缩短周期与降低风险等后发优势。这就需要后发企业在对现有产品进行分解的基础上，结合原理学习与试验验证等方式，识别并突破整机架构的关键技术原理与难点。例如土压平衡盾构机，其整机架构的工作原理是通过刀盘转动，切削泥土进入密封土仓，维持密封土仓压力的动态平衡来保证掘进面的稳定，从而进行隧道的掘进。

首台首用与关键零部件技术进步

盾构机市场与一般复杂产品市场不同，具有非均匀性特征，盾构机需要高度定制化。例如国外地铁修建大多遇到的是硬岩硬土，不容易塌方与堵塞，而铁建重工所在的长沙市地下土壤以红土为主，属于河流冲积形成的软土软岩地质，在修建地铁时很容易出现塌方和泥沙倾泻，从而造成盾构机堵塞的潜在威胁。为了让首次研制的盾构机走出实验室，并快速实现关键零部件国产化的目标，铁建重工首先将目标客户瞄向了同城的长沙地铁施工项目。该项目招标负责人一方面特别期待有国产盾构机参与投标，另一方面也担心国产盾构机的质量。铁建重工深知，用户独特的定制化需求是改进关键零部件技术的出发点，也是实现关键零部件技术进步的前提。

总部位于长沙市的铁建重工，在悉心研究了长沙地铁周边的地质地貌后，提出了既要加固盾构机的盾以防止塌方，又要改造抽吸力度以防止泥沙堵塞的定制化方案。其中最为关键的技术难点是维持密封土仓压力的动态平衡。压力过大，容易导致刀盘扭矩过大或者推力加大，从而减慢挖掘前进速度或者造成喷涌；而压力不足，则会引起前方地基下沉或者坍塌。因此，合理设置仓内压力是该土压平衡盾构机的重中之重。为此，铁建重工针对长沙地铁项目特殊的土质环境，在实验室条件下进行反复试验与技术调整，以确保首台土压平衡盾构机"开路先锋19号"在正式使用时能够维持适配的仓压。同时，相关技术人员还在现场随时解决施工过程中出现的问题，保证快速响应客户需求，最终提高了长沙地铁施工的稳定性与掘进速度。尤其值得一提的是，"开路先锋19号"的售价不到当时国外同类盾构机售价的一半，它的问世让国际均价约1.5亿元的国外盾构机被迫降价30%。

最终，首台国产化率达到87%的土压平衡盾构机"开路先锋19号"，以优质的性价比与服务质量助力长沙地铁施工，首战告捷。

4. 化解产品技术升级与迭代的矛盾

现实中，有不少后发企业在产品试制获得成功之后，往往陷入创新陷阱：要么长期没有新产品问世，要么市场规模停滞甚至萎缩。现有文献对积累了一定技术与基础的后发企业如何进一步向技术前沿转型的研究也较为匮乏。而自 2010 年首台土压平衡盾构机下线之后，铁建重工每年以 30% 以上的复合增长率发展，尤其是其研发的 TBM 已经达到世界领先水平。以下是对铁建重工技术超越过程的复盘。

新产品技术升级与老产品迭代创新的矛盾

刚完成技术起步的后发企业，在内部资源有限与时间紧迫的双重困境下，需要解决新产品技术升级与老产品迭代创新的矛盾。技术升级指的是发展过程中技术的改进与更换，侧重探索创新，而迭代创新则更强调产品的市场利用效率。如果说首台土压平衡盾构机"开路先锋 19 号"的下线体现了铁建重工在初始差距悬殊时的努力追赶，那么攻克前沿产品 TBM，则意味着铁建重工可以与先发企业同台竞技，正式进入技术赶超加速期。从土压平衡盾构机到前沿产品 TBM，铁建重工面临着技术升级的巨大鸿沟。如果把技术成熟的土压平衡盾构机的研制难度比喻成一个人参加百米短跑的全国比赛，那么集合了多个领域的前沿技术、适用于多种施工情境的现代 TBM 的研制难度，则相当于一个人同时参加短跑、长跑甚至游泳等不同项目的国际大赛。在技术赶超加速期，铁建重工不仅要攻克 TBM 技术难题与快速推出系列的 TBM 型号，还要对首台土压平衡盾构机不断进行技术迭代，以适应不同市场的用户需求。

因此，针对盾构机研发成本高、技术密集与客户定制等特点，后发企业如何快速解决新产品技术升级与老产品迭代创新的矛盾，实现与先发企业同台竞争甚至部分超越的问题，是一个亟须探讨的重要课题。

2010—2018 年，铁建重工不仅开发了 50 多项填补国内甚至是全球空白的首台（套）产品，其 TBM 等系列产品的国内外市场占有率还长期位居前列。铁建重工是如何破解技术升级与迭代创新矛盾，实现盾构机"从有到优"这一跃迁的？

加速期起点——前沿产品 TBM

现代 TBM 被称为"掘进机之王"，是以岩石地层为掘进对象的当前最先进的大型隧道施工装备。传统盾构机主要适用于城市内软土隧道的挖掘，TBM 则既可面对复杂岩土地层，也可应用于传统工序无法实现的工程项目中。随着中国城市化进程的加快，地下复杂地质隧道施工的需求不断增加，施工环境变得更加复杂，对 TBM 的需求也随之增加。TBM 对设备功能多样性、可靠性和使用寿命的要求更为严格，因此与传统盾构机相比，TBM 具有技术工艺更复杂、应用工况更恶劣、产品附加值更高的特点，研发起来难度更大。而"开路先锋 19 号"的成功研制，意味着铁建重工已基本掌握了土压平衡盾构机整机架构技术，需要尽快迭代出不同的型号以扩大市场份额。面向未来，铁建重工坚持开发能够填补国内外空白的产品，且产品市场占有率和科技水平必须处于国内行业前三名的原则。产品升级与迭代之路就此开启。

这意味着铁建重工需要同时掌握盾构机架构技术与零部件技术，尤其是要攻克关键零部件技术。盾构机的架构原理是相似的，即整机的主要组成部件以及部件的连接方式已经大致确定，都是由发动机推动主轴承向前推进，刀盘作用带动岩土切削，同时推进油缸带动液压千斤顶的推力不断向前推进，当推进一定距离时就利用管片拼装机依次循环拼装成环，将挖出的渣土存储到密封土仓，最后由螺旋式输送机将渣土运出。铁建重工想要进一步提升产品质量与技术能力，就必须攻克刀盘刀具等关键零部件技术。2013 年铁建重工中标北京地铁 6 号线东段，在施工过程中发现盾构机的刀盘磨损非常快。技术人员经分析发现，原来是北方地下的岩石含量较高，与长沙地下的砂质土层不同，岩石坚硬加速了刀盘的损坏。刀盘是盾构机关键零部件之一，其主要作用是在盾构机工作时切削内壁的岩土，是盾构法"构"的第一道工序，也是最容易消耗与出故障的零部件。这次工程下来，检测和更换刀盘总共占用了大概 1/5 的工期，可见刀盘对施工的影响之大。研发高性能耐磨的盾构机刀盘，需要掌握刀盘研制的原理性与可靠性两类核心知识，涉及材料、化学、力学、机械等多个领域。其知识广度与深度已超出当时铁建重工的能力范围。那么，这又将如何解决呢？

构建以集成商为核心的创新联合体

核心零部件的关键技术涉及众多门类学科，具有大量高度默会的知识，难以逆向开发。先发企业为了免遭模仿，往往设计严格的保护与独占机制，使得后发企业买不来关键的核心零部件，即使买来也难以掌握其中的技术诀窍。而后发企业则需要尽快将产品推向市场，才能使得核心零部件在市场应用中得到宝贵的技术迭代机会。面对新产品技术升级与老产品迭代创新的双重挑战，集成商与用户、科研院所构建创新联合体，通过原理学习、试验验证、持续积累的方式，实现科学原理、技术开发与工程应用的全贯通。

2012年，铁建重工牵头中标"863计划"重要课题，研究"大直径硬岩隧道掘进装备（TBM）关键技术研究及应用"。该研究不仅坚定了铁建重工持续创新的信心，还让其更好地吸引了当时对TBM有研究兴趣的专业团队，如浙江大学、中铁十八局等。

2014年，铁建重工联合具有丰富TBM施工经验的中铁十八局中标"引松供水"工程。"引松供水"工程全长263.45公里，其中二期隧道长22.6公里，挖洞直径达7.9米，需要穿过硬度不一的岩层，并经过多条断裂带，是吉林省有史以来投资规模最大、输水线路最长、施工难度最高的引水工程。针对该工程隧道长、通风差、伴有坍塌和涌水等地质灾害的特点，铁建重工与科研院所和用户联合攻关，提前设计了新的方案。比如，铁建重工联合中铁十八局对刀盘刀具大胆改革，对皮带硫化进行技术创新，使得连续皮带硫化的时间从原来至少需要 20 小时缩短到 3 小时 20 分钟左右，打破了当时的世界纪录。铁建重工与天津大学、浙江大学、中南大学等强强联合，研制出 TBM 支撑推进换步系统，实现了推进换步工序顺应性控制理论验证，同时研发的盘形滚刀高效破岩技术和基于黏性离合的 TBM 刀盘驱动多源脱困技术成功应用于样机研制，更是解决了长期困扰盾构机刀盘破岩效率低、被困时输出扭矩不足的难题。2014 年，拥有自主知识产权的国产首台敞开式 TBM 在铁建重工顺利下线，并应用于吉林省"引松供水"工程。该 TBM 取得最高日掘进 86.5 米、单月掘进 1 209.8 米的挖掘纪录，均创造了国内同类隧道施工的挖掘纪录。铁建重工为"引松供水"工程按期完成提供了关键保障。

总之，铁建重工借助承担"863 计划"课题的契机，吸引上游供应商与科研院所一起来开展相关技术原理的攻关。铁建重工作为集成商负责整体方案的设计与产品的集成总装，下游则联合中铁十八局等施工单位进行产品的验证与反馈，形成了一个产学研用闭环的创新联合体。该创新联合体联合攻关取得了三大关键核心技术的突破：大直径 TBM 多系统协调技术，大功率、变载荷、高精度电液控制系统设计与集成技术，关键部件状态监测与诊断技术。同时，通过小步快跑的方式，铁建重工连续迭代创新出国产大直径土压平衡盾构机、土压平衡-泥水平衡双模式盾构机等系列产品。

善于与用户联合开发

用户参与产品研制,有助于挖掘潜在需求,并将其快速转化到产品上,这是铁建重工的盾构机能在短期内从实验室走向市场,有效化解技术升级与迭代创新矛盾的关键因素之一。因为用户作为盾构机的使用方,有大量经验数据以及未被满足的潜在需求,而掌握这些数据与需求,将准确指引产品开发的方向,有效缩短技术创新从投入到产生可见绩效的时间。在"引松供水"工程项目中,铁建重工就提前联合项目施工方的中铁十八局,结合其在工程项目中收集的施工环境数据,运用已知数据设计盾构机的参数,使之与刀盘刀具、传输带等部件相匹配,从而使交付的盾构机的最终功效达到与施工项目的最佳匹配状态,施工故障率和停机换件次数都大大减少,最终工程提前交付完工。

那么,中铁十八局为什么愿意帮助铁建重工,共同研发产品呢?第一,基于双方价值观念的一致性。二者对国家重大建设工程都负有共同的使命感,认同国家需求高于一切。在"引松供水"工程施工期间,铁建重工成立专门的技术支持团队配合中铁十八局的现场施工,使得每一次遇到的技术问题都能及时得到解决,并应用于下一次的产品迭代。很多类似的服务并不是合同规定必须做的,更多的是基于双方对圆满完成国家工程有共同的认知与责任感。第二,基于业务需求的互补性。铁建重工是创新联合体中的产品集成者,需要用户端的有效需求数据,以快速找到技术升级的方向,同时又要联系上游厂商，为客户定制零部件与设计解决方案。而中铁十八局作为施工方，常年面对复杂的地质环境，也急需能积极为其配套研发施工利器的设备制造商，二者需求互相匹配。第三，基于隶属关系的亲近性。铁建重工与其经常合作的用户，如中铁十四局、中铁十八局等企业都隶属于中国铁建。中国铁建是中国乃至全球最具实力与规模的特大型综合建设集团之一。这种"血缘"上的天然亲近性，使得双方很了解彼此的工作流程，也能够坦诚地沟通技术与市场上的隐性知识。总之，善于与用户联合开发，是中国复杂产品后发企业相较于国外厂商的重要优势，有助于解决新产品技术升级与老产品迭代创新的矛盾，实现技术从落后到前沿的跨越。

5. 技术赶超的实践逻辑

中国盾构机在短短十几年内取得的巨大成功，与关键创新者顺应时代潮流的行动密切相关。中国盾构机赶超发生于经济高速增长年代，高铁、地铁、公路、水利等基础建设与复杂的施工环境为中国高端工程装备提供了广泛的应用机会，也推动着盾构机的快速迭代与升级。参与"863计划"为盾构机核心集成商培育了一大批关键人才。客观来说，任何一个因素充其量都只是必要条件之一，但在特定的条件下，这些因素"刚刚好"组合在一起，它们共同作用构成了强大的充分条件，推动一批优秀的中国企业进入盾构机领域奋起直追。2016年之后，铁建重工、中铁装备等企业从中脱颖而出，这些头部企业又进一步推动了中国盾构机技术领先世界。中国盾构机实现技术赶超的实践逻辑总结如下。

技术赶超过程总结

后发企业技术赶超是一项复杂的系统工程，识别赶超过程的主要矛盾、复杂性问题，进而寻找适合自身的创新模式，是突破关键"卡脖子"技术的重要法宝。面对国外技术封锁，国内后发企业应综合考虑自身的技术基础与外部先进技术的差距，识别出技术赶超的主要矛盾，进而选择合适的技术赶超起点与过程（见表2-3）。

表 2-3　中国盾构机技术赶超过程总结

	起步期	加速期
面临挑战	从无到有的"冷启动"悖论	从有到优的技术升级与迭代创新
技术起点	成熟产品	前沿产品升级与成熟产品迭代
赶超战略	跟随战略	领先战略
赶超过程	国家立项、原理学习、联合攻关破解成熟产品架构与核心零部件技术 添加非核心功能以争取用户	国家立项，联合攻关以掌握前沿产品架构与核心零部件技术 用户深度参与产品设计

续表

	起步期	加速期
赶超条件	以国家驱动为主、以市场需求为辅 国家项目的人才溢出	以市场牵引为主 以国家项目与市场需求凝聚各方人才

结合盾构机案例，本章发现中国盾构机赶超分为两个时期：

第一，起步期。选择西方比较成熟的产品研制作为技术赶超的起点，破解从无到有的"冷启动"悖论。该阶段后发复杂产品集成商主要以自主掌握成熟产品的架构技术为目标，如铁建重工选择土压平衡盾构机整机架构技术为追赶目标，采取跟随战略。铁建重工的技术赶超首先得力于国家举全国科技之力从产品原理与应用上为盾构机技术赶超扫清障碍。2002年至2010年期间，由科技部发起，中铁隧道、上海隧道、洛阳轴承集团股份有限公司等国内相关技术优势单位牵头承担了多个"863计划"项目。这些国家级项目首先从土压平衡盾构机的架构技术开始立项，而后逐渐涉及刀盘、轴承方面等关键零部件技术的攻关。后发复杂产品企业在此技术研究基础上，主要通过逆向开发与学习的方式，开发市场需要的整机产品，一时难以突破的关键零部件则通过外购的形式获取，从而快速完成首台产品下线的关键任务。此外，破解"冷启动"悖论还需要解决首台产品首次市场应用的难题。处于赶超初期的后发企业，不仅面临着技术挑战，在市场应用方面也存在明显劣势。例如施工方担心首台产品的质量，不敢贸然使用。掌握整机架构技术不仅能了解产品分解与连接，还能实现产品功能与市场需求相匹配，从而有利于后发复杂产品企业的首台产品找到启动用户。正如铁建重工的首台土压平衡盾构机"开路先锋19号",就针对长沙的软土特征,联合上游企业对盾构机关键零部件刀盘进行适应性创新,增加了防塌方与堵塞的新功能,从而受到施工方的认可,成功应用于长沙地铁项目中。

第二,加速期。选择西方前沿产品TBM研制为技术升级起点,同时对老产品土压平衡盾构机技术进行持续迭代,采取领先战略。复杂产品集成商在积累一定技术基础后,将面临新产品技术升级与老产品迭代创新的双重挑战。在时间紧迫与资源匮乏的双重困境下,绝大部分后发企业只能长期滞留在技术追赶状态中,难以实现超越。因为无论是新产品技术架构创新,还是围绕施工用户的定制化需求,其所需专业知识的深度与广度已远远超出集成商一家企业所能够掌握的范围。铁建重工化解这一矛盾的方法就是构建创新联合体,联合科研院所、供应商、施工单位集体攻关,以解决新产品技术升级与老产品迭代创新的矛盾,为施工用户提供兼顾可靠性与经济性的解决方案,共同提高新老产品的竞争力。

技术赶超的基本条件

"国之重器"的技术赶超需要能提供充足的要素供给与市场需求的营商环境,这是实现技术赶超的基本条件。国家从要素供给、市场需求等方面推动盾构机的技术赶超。

首先,国家是市场繁荣的推动者,可以为复杂产品的终端应用提供足够的市场需求。复杂产品与一般产品的终端用户不同,前者的终端用户往往是承接国家或地方重大工程项目的企业型用户,而后者多为个体消费者。盾构机的终端用户就是承接国家或地方工程项目的施工企业。我国盾构机行业的大发展始于2008年左右,此时正好是中国开启新一轮大规模基础设施建设的黄金时期,各地的地铁等工程项目需要大量定制化的盾构机。这在客观上坚定了国内企业自主研发盾构机的决心,铁建重工也正是在此时进入盾构机行业。

其次,中国独特的市场需求推动盾构机跨越技术鸿沟。盾构机属于高度定制化的产品,单项工程施工的独特地貌需要定制化的盾构机。中国幅员辽阔,面对复杂的地质与施工环境,盾构机研发需要技术集成商与施工单位(用户)、关键零部件供应商一起合作攻关。铁建重工通过创建用户共建的开发平台,让用户时时参与盾构机研发的每一个步骤,按周期需求交付,而不是制造出整机再最终交付,这样联合施工单位(用户)参与的价值共创是铁建重工成功的关键因素之一。正是因为集成了用户的需求智慧,与用户一同成立盾构机专项研究小组,形成开发者与使用者的优势资源互补,令用户需求的"大脑"指挥铁建重工研发的"双手",才有了铁建重工盾构机的成果。与此形成鲜明对照的是,盾构机最早起源于英国,但英国盾构机却没有形成国际竞争力，为什么？原因固然有很多，但其中至少包含与英国工程施工环境有关的因素。英国以岩石和硬土为主，因而施工环境相对简单，用于隧道挖掘的盾构机功能也就比较单一。而中国拥有约960万平方公里的国土，地质极其复杂，可能是石头，可能是黏土，也可能是沙粒，不同的地质影响工程施工环境，需要盾构机具备不同的功能。盾构机的刀盘硬度和扭矩设置、出渣时仓压参数和排渣方式都需要因地质的复杂性而相应变化。正是我国具有复杂的施工环境，才导致中国盾构机产品在设计之初便需要制定多种应对策略。而西方企业开发的盾构机多为一机多用，不适合中国独特的施工环境。中国独特的施工环境，为国产盾构机走向高度定制化发展提供了宝贵的机会，推动中国盾构机企业快速实现技术赶超。

最后，国家是技术跨越的引领者，能够为后发复杂产品企业提供必需的人才储备，成为企业技术赶超的重要触发器与加速器。后发企业缺乏架构或者零部件技术创新的知识积累与人才，依靠企业内部的力量难以完成相关技术与人才的积累。国家发起、企业牵头、多方协作攻关的重点研发项目，能够较好地探索共性知识与培养基础人才。这些国家级项目不仅为企业的技术攻关提供了启动资金，同时也为核心企业凝聚各方人才组建创新联合体，提供了由国家背书的"合法性"，增强了核心企业协调资源的能力。

本案例凸显了中国复杂产品技术赶超的独特性，即中国虽然面临巨大的困难与挑战，但拥有超大规模的市场以及齐全的产业配套，并且具有集中力量办大事的动员能力。因此，在上述大背景下，中国企业实现"国之重器"的技术赶超所采用的路径与模式不能套用主流的后发企业技术追赶理论来解释，因为主流的后发企业技术追赶理论是基于韩国、伊朗等相对较小的经济体的创新实践而提炼的。同时也要区别不同"国之重器"的技术与市场特征，比如中国商飞研制的C919干线客机采取以共同成长为导向的主制造商与组件供应商构成的成长型主供模式进行技术追赶。本章的结论响应了一些学者的呼吁，即应通过对中国企业实践的复盘与分析去发现国家作为创新者的理论意义，而不是用现有的理论框架去解释一切。

6. 技术赶超的双循环模型

本章基于对上述实践逻辑的归纳，围绕"'国之重器'技术赶超"进行理论延伸探讨，提炼"赶超过程"背后的"为什么"，即为什么是中国盾构机率先实现了技术赶超。

复杂产品技术赶超，需要核心企业化解技术创新两类共性难题，即技术"冷启动"悖论、技术升级与迭代创新矛盾。面对关键的"卡脖子"技术，缺乏相应知识基础的中国企业，不仅要在遭受技术封锁的困境下从头掌握技术原理，还需在相对紧迫的时间内研制出有竞争力的成熟产品。按照国际主流创新理论的解读，缺乏足够知识积累的企业在短时间内，既要对全新产品进行架构创新升级，又要对成熟产品进行关键零部件迭代创新。加之盾构机属于高度定制化的产品，中国重大工程的独特施工环境又将提出差异化的产品功能需求。为应对上述困难与挑战，中国盾构机企业通过联合掌握原理的科研院所、上游的关键零部件供应商、施工单位等创新主体，既自上而下破解"冷启动"悖论，又自下而上解决新产品技术升级与老产品迭代创新的矛盾。

正因为中国企业另辟蹊径，构建了新的创新组织模式——"双循环创新组织模式"（见图2-1），才得以在残酷的竞争环境下，抓住了中国高速发展所带来的机遇，实现了盾构机的技术赶超。

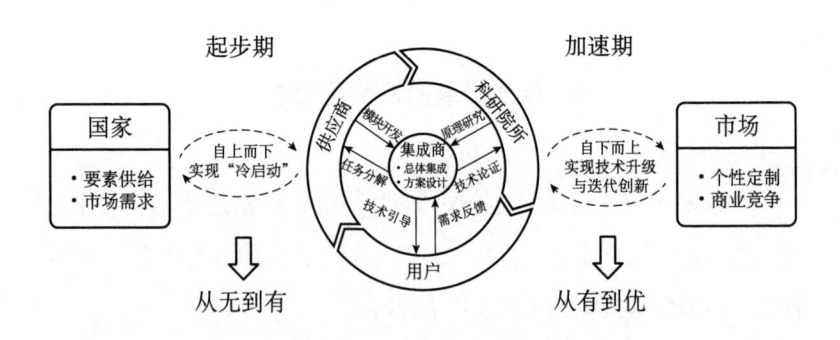

图2-1 "双循环创新组织模式"

"双循环创新组织模式"的第一个特征是自上而下实现"冷启

动"，解决技术从无到有的问题。在这一阶段国家扮演创新引领者角色，鼓励创新联合体举全国之力弄通"卡脖子"技术的原理与应用，创新联合体企业则利用国家技术溢出红利，聚焦人才，快速开发适应市场的产品，抢占市场。这一模式不同于先发国家采用的 A-U 模式。A-U 模式代表的是西方先发国家产业技术发展的路径，其技术突破是建立在原有产业技术基础上的再创新，有宽裕的时间在技术变革时进行自身关键核心技术的更新、发展与转移。而中国后发企业不具备西方先发企业的技术积累与时间优势，面对西方先发企业的技术封锁与中国经济建设的迫切需求，积极响应国家战略需求与利用国家技术溢出红利，另辟蹊径找到了适合的创新组织模式，实现技术追赶是必然结果。

"双循环创新组织模式"的第二个特征是自下而上化解技术升级与迭代创新的矛盾，解决技术从有到优的问题。在这一阶段技术集成商扮演实现产业化创新的重要角色，联合上下游、科研院所，响应市场需求，快速研制具有市场竞争力产品，实现产业化。这一模式也不同于后发国家追赶一般产品所遵从的逆 A-U 模式，该模式以韩国汽车、电子和半导体等行业为分析对象，认为后发国家企业的技术创新可以起始于引进、模仿，遵从"生产—工程—创新"循序渐进的发展路径，这和发达国家"研究—开发—工程"的发展路径不同。然而，复杂产品的技术赶超，既引进不了先进技术，又更加依赖于基础研究与开发经验的积累。因此，后发国家依靠自主创新，快速实现"卡脖子"技术的产业化，是必然也是不得已而为之的选择。

21世纪是隧道及地下空间大发展的时代，中国作为世界最大的隧道及地下工程施工市场，需要盾构机企业的持续创新。科技部围绕新一代盾构机技术原理与应用科研项目，以"揭榜挂帅"方式，鼓励核心企业联合产学研创新主体集体攻关，拉开了新一代盾构机技术升级的序幕。在此背景下，中国盾构机企业如何借助"双循环创新组织模式"，平衡新产品技术架构升级与成熟产品迭代的关系，有待于进一步验证。

突破关键"卡脖子"技术是中国中长期重大战略问题。铁建重工盾构机的技术赶超实践与创新模式，对国家制定创新政策与指导其他企业突破关键核心技术具有一定的启示与借鉴意义。

第一，国家作为创新者，能调和复杂产品的创新客体（技术）与多元的创新主体不一致的深层次矛盾。关键核心技术是一个复杂的技术系统，系统与系统之间被"集成"以共同完成目标任务。比如盾构机的开发、建设、运营涉及政府、科研院所、集成商、零部件厂商、施工方等多个行动主体，但多元行动主体对技术创新的理论存在信息不对称。例如：集成商不具备零部件的产品知识与创新能力；零部件厂商不清楚"刚刚好"的产品创新发力点；施工方虽然熟悉施工环境，最清楚自己想要什么功能的盾构机，但不能用技术语言表达出来。而技术装备产品因为技术含量高，其创新充满着风险与不确定性，仅仅依靠集成商、施工方或零部件厂商某一方的力量，很难取得关键技术的突破。由此，国家作为创新者启动"揭榜挂帅"（明确技术突破目标，落实具体的承担主体）的攻关破冰，为企业技术赶超培育基础人才与探索基本原理；协调集成商（功能设计）、施工方（方向）、零部件厂商（功能）、科研院所（知识）组建创新联合体，推动技术从无到有的技术进步。这也是中国创新模式不同于西方创新模式的根本所在。总之，因为有国家需求，在如此艰难的后发复杂产品赶超情境下，才能凝聚各方力量，指引技术赶超方向；因为有多样化的庞大市场，才能有效激励以企业为主体的技术创新，保证技术赶超的创新效率。

第二，关键核心技术只能依靠企业自主创新。如何培育自主创新能力？企业需要识别技术创新的阶段性矛盾，逐渐形成双循环创新组织能力。对于最初架构模仿与突破，技术集成商可以采用逆向开发与学习的模式先解决产品有无的问题。而针对核心零部件突破，技术集成商可以组建创新联合体，解决产品是否足够先进的问题。创新联合体涉及上游的科研院所与供应商，主要解决原理性与规律性的问题；中游由技术集成商构成，主要解决产品设计与方案开发的问题，技术集成商最有潜力成为创新联合体中的核心企业；而下游是终端用户，能够提供使用反馈以及真实需求，从而有利于缩短新产品开发的技术摸索期，并提升产品系列的迭代效率。

参考文献

曾德麟，欧阳桃花. 复杂产品后发技术追赶的主供模式案例研究. 科研管理，2021，42（11）.

郭斌. 大国制造：中国制造的基因优势与未来变革. 北京：中国友谊出版公司，2020.

李建斌，才铁军. 中国大盾构：中国全断面隧道掘进机及施工技术发展史. 北京：科学出版社，2019.

李显君，孟东晖，刘晔. 核心技术微观机理与突破路径：以中国汽车AMT技术为例. 中国软科学，2018（8）.

路风. 冲破迷雾：揭开中国高铁技术进步之源. 管理世界，2019，35（9）.

盛昭瀚，于景元. 复杂系统管理：一个具有中国特色的管理学新领域. 管理世界，2021，37（6）.

BALCONI M. Tacitness, codification of technological knowledge and the organisation of industry. Research policy, 2002, 31(3).

FRISHAMMAR J, ERICSSON K, PATEL P C. The dark side of knowledge transfer: exploring knowledge leakage in joint R&D projects. Technovation, 2015, 41.

HENDERSON R M, CLARK K B. Architectural innovation: the reconfiguration of existing product technologies and the failure of established firms. Administrative science quarterly, 1990, 35(1).

HOBDAY M, RUSH H, BESSANT J. Approaching the innovation frontier in Korea: the transition phase to leadership. Research policy, 2004, 33(10).

HUGHES T P. Networks of power: electrification in western society, 1880-1930. Baltimore: Johns Hopkins University Press, 1983.

IANSITI M. Technology integration. Boston: Harvard Business School Press, 1997.

KIM L. Crisis construction and organizational learning: capability building in catching-up at Hyundai Motor. Organization science, 1998, 9(4).

KIM L. Imitation to innovation: the dynamics of Korea's technological learning. Boston: Harvard Business School Press, 1997.

LEE K, LIM C. Technological regimes, catching-up and leapfrogging: findings from the Korean industries. Research policy, 2001, 30(3).

MAHMOOD I P, RUFIN C.Government's dilemma: the role of government in imitation and innovation. Academy of management review, 2005, 30(2).

ROSENBERG N. Inside the black box: technology and economics. New York: Cambridge University Press, 1982.

UTTERBACK J M, ABERNATHY W J. A dynamic model of process and product innovation. Omega, 1975, 3(6).

第三章

长航时无人机：国家需求与技术实现双驱动 *

自然界中，鹰以敏锐的视力而闻名。它能在几千米甚至上万米的高空尽情翱翔，而且地面的风吹草动都逃不过它的眼睛。在现代国防和军事作战中也有一种"鹰"，它飞得高、飞得久、看得远、

---

* 本章内容：其一，主要源自论文《研究型大学服务国家战略工程研究：以长鹰无人机原始创新为例》，发表于《科学学与科学技术管理》2023 年第 1 期，作者为欧阳桃花、郑舒文、张凤、曾德麟。其二，部分源自教学案例《鹰击长空：TY 公司大型长航时无人机关键核心技术突破之路》。案例来自中国管理案例共享中心，并经案例作者同意授权引用。案例由北京交通大学经济管理学院的曾德麟、曹滋聪，北航人文社会科学学院（公共管理学院）的张凤，北航经济管理学院的郑舒文、欧阳桃花、崔宏超撰写，入选第十四届"全国百篇优秀管理案例"。

看得清，能在万里之遥不分昼夜、源源不断地传回信息，常有"不战而屈人之兵"的威力，它就是大型长航时无人机[①]。20世纪90年代以来，以美国为首的航空强国相继开始了大型长航时无人机的研制并取得了很大进展，反观我国彼时能拿得出手与之一较高下的屈指可数。为此，21世纪初由国家有关部门（使用总体单位[②]）反复论证后，几乎集当时全球同类型无人机所有最先进的指标于一身的大型长航时无人机——中国之"鹰"（即长鹰无人机）项目应运而生。

---

① 大型无人机的最大起飞重量不得低于150千克，之所以是这个重量，部分原因是配备了相较于传统无线电台保密性、抗干扰性以及传输速度都更优良的卫星通信装置。长航时无人机通常是指能在大气层内持续飞行24小时以上的无人驾驶飞机，飞行高度一般为7 000～20 000米，被广泛地应用于军事和民用领域，执行侦察监视、搜索跟踪、灾情勘测、气象研究等任务。相比具有同样任务特点的低轨卫星和高空飞艇等飞行器，长航时无人机同时具备任务高度高、滞空时间长、机动性和自主性强等综合优势，适应未来战争的信息化和自主化等特点，将在空间攻防和信息对抗中发挥重要作用。
② 总体单位，即总体部，作为型号的抓总单位、总设计师的技术依托部门，具有顶层的技术地位，是型号战略规划和系统创新的责任主体。20世纪50年代，刚归国不久的钱学森从系统思想出发，提出了要发展航天航空事业首先要建设总体部的思路。根据航空新型号的论证立项研制流程，可将总体单位分为使用总体单位与研制总体单位。使用总体单位对接国家战略需求，针对特定的型号进行技术要求和可行性的论证研究。研制总体单位则负责对方案进行具体设计、试验、工程研制、设计定型和生产，同时对全过程中的相关参研、配套单位进行总体指挥。

长鹰无人机是由北航①作为研制总体单位牵头研制的我国首款大型长航时无人机的原型机平台,开创了中国无人机进入中高空长航时的新时代,推动我国大型无人机设计、制造、试验水平提升至国际一流行列。更具代表性的是,长鹰无人机的诞生,不仅实现了无人机长航时的跨越,还提供了原创的外观和架构,贡献了一套无人机的技术体系与标准,突破了整机零部件50%以上的新研率,并为无人机产业链生态布局的形成与发展奠定了坚实的技术基础。基于这样一个稳定化、通用化的新产品开发平台,中国大型长航时无人机可以通过快速更新任务载荷、迭代产品型号,一方面满足国防信息化需求,另一方面向民用、农用、应急管理等纵深领域拓展。

然而长鹰无人机这一原创级实践现象,却未得到管理学界的充分回应。目前学术界对于原始创新的界定,大致可划分为两类:一类从技术创新的视角出发,认为原始创新是最根本性的创新,是创新的源头,具体表现为在基础研究和高技术研究领域取得前沿性、引领性、突破性、原创性的成就。其本质是一种运用全新技术,创造出新产品或新工艺等。另一类则从科学研究的视角出发,认为原始创新是在科学积累的基础上实现科学发现与质的飞跃,形成新的

---

① 北航具备研制无人机的扎实基础,具体表现在三代人的长鹰志:第一代,北京五号无人机1958年由北航制造而成,是中国第一架无人驾驶飞机;第二代,无侦-5(又称长虹-1)无人机是20世纪80年代由北航制造而成的高空高速无人侦察机,获得国家科学技术进步奖二等奖,1986年参加对越南的自卫反击战;正是前两代的积累才有了第三代"长鹰"中高空长航时无人机的诞生。

研究起点，也是从危机阶段到常规阶段重建新理论的过程。显而易见，学术界针对原始创新边界与基本属性的理解，存在较大差异。那么，原始创新究竟是基础研究的突破，还是新产品的实现？

1. 大型无人机登上历史舞台

"属"，隶属、归属；"性"，性质、性能。"属性"，指事物所具有的性质、特点。为探索原始创新的基本属性以及研究型大学如何助力"国之重器"原始创新，本章以长鹰无人机从零到一的创新过程为对象展开案例研究。具体分析思路如下：

首先，识别原始创新关键问题。通过梳理长鹰无人机从零到一创新的关键事件，识别在没有任何样机可解剖的前提下，研制首台大型长航时无人机的难点与关键复杂问题。

其次，分解与还原长鹰无人机研制的过程，思考北航作为研制总体单位如何协同多个参研、配套单位，跨越从无到有的技术鸿沟，克服关键复杂问题，实现从零到一的创新。

最后，基于长鹰无人机的成功经验，探究研究型大学为什么能助力长鹰无人机的技术突破，实现原始创新。习近平总书记在清华大学考察时强调，重大原始创新成果往往萌发于深厚的基础研究，产生于学科交叉领域。那么具有深厚基础研究与学科交叉优势的研究型大学该如何助力原始创新，从而推动中国在世界科技竞争中实现从跟跑、并跑到领跑的华丽转型呢?

众所周知，创新是一项复杂系统工程，原始创新又是创新链的源头，呈现出高度的复杂性、不确定性与风险性。本章基于复杂系统观，聚焦长鹰无人机从无到有的创新实践，旨在揭示研究型大学为服务和国家安全与重大任务相关的战略工程，"如何"以及"为什么"能够在短时间内研发出大型长航时无人机平台，实现原型机的技术突破。可以预期，这一研究成果在新一轮的科技革命中，对强化国家战略科技力量、推动基础研究和原始创新的跨越式发展，具有重要的理论价值和实践意义。

无人机概念源于 20 世纪初，无人机是无人驾驶飞机的简称，它是一种基于无线电遥控及自备的程序控制装置实现自主飞行并能执行多种任务的无人驾驶飞行器。经历跨世纪的发展，伴随着自动控制、电子信息、航空航天等各项技术的进步，无人机从以侦察为主向察打一体转变，并逐步形成了军用和民用两大应用领域，以美国、以色列等国为代表的航空强国，率先意识到了无人机在经济、军事与科技竞争中扮演的重要角色。

国际大型无人机的技术发展历程

伴随两次世界大战以及战后世界格局的变迁，大型无人机技术主要经历了三个发展阶段。

第一，从有人到无人，降低死亡率。第一次世界大战期间，有人机作为空中侦察与攻击的载体在战场上大放异彩，但随之而来的是居高不下的死亡率。为此各国萌生了制造无须飞行员操作的飞机的想法。如英国皇家飞行军团工程师阿奇博尔德·蒙哥马利·洛（Archibald Montgomery Low）于1916年提出了被称为"拉斯顿普罗克特空中标靶"的设想，其动机在于用一架装有特斯拉无线电遥控装置的无人飞机来吸引德国人的防空火力。然而图纸到实物之间存在着难以逾越的技术鸿沟，迈过这个鸿沟的则是美国科学家老斯佩里（Elmer Ambrose Sperry）。他与他的儿子共同研制并验证了飞行器陀螺仪，完善了无人机控制系统的反馈环节。美国1918年成功设计出凯特琳虫（Kettering Bug）双翼无人飞行器，翼展4米，可携带85千克左右重量的炸药，自动导航飞行距离达64～120千米。1918年，法国也成功实现了无人机首飞——在封闭路线内遥控瓦赞八代老式轰炸机飞行了100千米。总体上而言，无人机在一战中尚未发挥直接作用，但其极大地降低死亡率的关键意义引起国际关注。二战时期，伴随着无线电技术的进步，采用无线电遥控操作的靶机被大量生产，主要用于训练炮兵、防空部队和飞行员。其中比较有名的是，英国将老旧的虎蛾（Tiger Moth）双翼飞机成功改造为女王蜂（Queen Bee）靶机。

第二，从"配角"到"主角"，在战争中快速迭代。冷战的爆发和局部战争的需求推动了无人机技术的迅猛发展。为了对战况进行及时预测、快速收集与实时反馈，军队首先需要高效的侦察手段，因此，战术无人机（也称为"无人侦察机"）应运而生。此类无人机可以高速低空掠过战场上空，用于对常规目标和各类武器装备的侦察拍照。特别是在20世纪60—70年代的越南战争中，美军运用火蜂系列无人机成功完成了80%的空中侦察任务，共出动3 435架次，安全返航2 873架次。这让世人首次见识到无人机这种新型武器的特殊实战能力。美国成为第一个向世界展示无人机战场威力的国家，而以色列则成为无人机创新使用领域的领导者。当时，以色列为应对与埃及、叙利亚的战争，开始将注意力转向无人机。1973年中东战争爆发时，以色列军队大量购入无人机，并自主研制了巡逻兵无人机和獒犬无人机，这些无人机后来成为现代侦察型无人机的标准机型。在发展侦察型无人机的同时，以色列还积极发展空中诱饵无人机，研制出了"参孙"和"妖妇"两款诱饵无人机。在20世纪80年代初的贝卡谷地战役中，以色列大规模使用无人机，开创了实战中广泛应用无人机的先例。

第三，从侦察到察打一体，系统化优势凸显。进入21世纪，自纽约世贸大厦遭到恐怖袭击后，以围捕"基地"组织为目标的反恐战争正式开始。当时的美军有一条不成文的规定：依靠情报工作的长期性与准确性，尽可能不让部队处于危险境地，在远离美国本土的战争中实现"零阵亡"。因此，为了"远离本土"而长时间飞行的大型长航时无人机——捕食者无人机和全球鹰无人机相继投入使用。这类无人机还被创造性地赋予了新身份——攻击无人机，即配备了武器，可以自动装填弹药，并评估攻击造成的损失程度。至此，无人机开始添加火力控制系统和武器装备，从战术侦察、诱饵迷惑等辅助任务，向目标斩首等"察打一体化"系统化功能转变。

国内大型无人机的技术发展历程

中国对无人机的研发起步于20世纪50年代，虽然80年代已经开始在军队进行试点，但直至20世纪末仍然与美、以等国存在较大差距。中国大型无人机的技术发展历经艰辛，最终实现赶超。

20世纪60年代，由于中苏关系破裂，苏联取消援助并撤离专家，中国空军试验所使用的拉-17无人靶机出现了严重短缺的情况，这迫使中国下定决心自主研发无人机，进而推动了长空一号（CK-1）高速无人靶机的诞生。至20世纪80年代，中国使用无人机主要是执行防空系统的靶机和干扰诱饵等任务。80年代末，中国从以色列购买了一批先锋无人机，用于炮兵定位和校射侦察，其数量不多且具有试验性质。

20世纪60—70年代越南战争期间，美国派出BQM-147G火蜂无人侦察机多次侵入我国领空，执行侦察任务，而我国在击落多架火蜂无人机后，获得了来自美国的"天降"无人机技术。从此，北京航空学院（北航前身）开始进行测绘仿制，仿制无人机于1972年完成首飞，1980年通过设计定型，成品就是无侦-5无人机。无侦-5无人机极大地扩展了中国陆军长期缺乏的灵活高效的实时侦察能力，特别是在具有多波段观察手段和实时反馈的侦察信息方面。然而，这种无人侦察机的续航时间相对较短，飞行速度较慢，侦察范围有限，只适合师级以下的作战单位使用。而要想满足一个野战师级别的侦察需要，需要 10～15 架这种类型的无人机，同时还要保持 24 小时不中断的信息传输支持。在当时的条件下，这显然是无法通过改型实现的。

事实证明，仿制改型的无人机无法适应我国对辽阔国土、绵长边境海防线的侦察需要。美国捕食者无人机、以色列苍鹭无人机等国际先进无人机的亮相，更让中国意识到，彼时在大型长航时无人机领域中国缺乏一定技术积累和可供产品应用迭代的机会窗口，更重要的是在技术封锁的背景下无法获得相关先进型号无人机的哪怕一张工程图纸、一个系统数据！面对 21 世纪日趋激烈的科技竞争和多变的全球环境，中国想要具备争夺制天权、制空权、制海权和制信息权的底气，必须走上大型长航时无人机的自主研发之路。

在此背景下，中国无人机产业应运而生。凭借一系列较成熟的无人机产品，用短短不到 20 年时间，中国在国际出口市场份额中形成了与美国、以色列三足鼎立的局面，在创新上实现了从跟跑到并跑的技术跨越。

长鹰无人机为我国大型无人机技术追赶奠定了重要基石，其基于原始创新突破了"卡脖子"技术，形成了可与捕食者无人机、苍鹭无人机比肩的 40 小时长航时性能，为关键核心部件国产化奠定了重要技术基础。随后是彩虹无人机对于市场的开拓，其作为我国首款实现无人机批量出口且出口量最大的无人机，凭借覆盖小型、中近程及大型高端无人机全型谱产品线和研制体系的优势，10 年左右销售额累计数已处于全球军贸市场前列。此外，翼龙无人机对民用领域有很大贡献。2021年7月河南暴雨，翼龙无人机临危受命，协助恢复通信，展现出中国中大型无人机在物流运输、应急救援等民用领域的广阔市场。其原身翼龙-2察打一体无人机更是凭借在起飞重量、载弹量、飞行时速等方面的优势，缩短了军用无人机出口市场份额与美国的差距。

由此可见，探究我国大型无人机从无到有的原始创新之路，有必要追溯长鹰无人机的立项与研制历程。

祖国的需要，我们的使命

"1999年5月8日，人们从我国驻南斯拉夫联盟共和国大使馆被'误炸'的噩耗中惊醒！我们仔细盘点着手中有限的几根'打狗棍'，从具有远程打击能力的航空装备来说，能够拿得出手的屈指可数。我们开始反思，大国必须拥有利器！必须拥有争夺制天权、制空权、制海权和制信息权的利器！特别是要想决战于千里之外，制信息权是我们必须牢牢把握的命脉。大型长航时无人机就是在这样的背景下应运而生的。作为战略情报信息获取平台，它被定位于集当时全球同类型无人机几乎所有最先进的指标于一身。研制这样的装备，是个大事、急事，更是个难事。这是战争的启示，是和平的需要，是共和国的召唤。"型号副总指挥和现场总指挥、试飞队队长说。

20世纪末，美苏两极格局解体，世界处于百年未有之大变局。

国家有关部门（使用总体单位，需求方）为维护国家核心利益，迫切需要加强国家的制空权、制海权与制信息权的建设，具体研判为"应对未来的海上作战需求，要打赢海上信息化战争，一定需要长航时、高分辨率的侦察装备——大型长航时无人机"。它留空时间长，作业覆盖区域广，在高空巡航作业时受天气和大气上下对流的影响小，具备广阔的应用前景。

当时，国家有关部门即使用总体单位为什么要在技术水平与世界航空强国存在显著差距的前提下，跨越性地提出大型长航时无人机平台的建设需求呢？

一是保护国土安全的需要。中国国土面积辽阔，海岸线曲折蜿蜒，地理位置特殊，海防建设需要无人机具备长航时的性能，以实现领空全覆盖式飞行，并提供持久、精准、实时的信息反馈与目标定位。

二是战略威慑力量的体现。无人机不仅要在本土巡航，还要执行超远距离侦察任务，通过高空隐身飞行，确保信息收集的安全性与保密性。而当时已有的侦察手段如卫星、有人侦察机以及近中程、短航时无人侦察机，均无法满足上述任务需求。

三是适应光电、雷达等多载荷[1]迭代创新的迫切需求。国家对中高空长航时无人侦察机的需求是非常迫切的。如果把光电载荷技术比作只能拍出侦察目标的几何图像或热图像的照相机，那么成像雷达技术就是能够显示空间三维信息和激光强度信息的3D扫描仪，技

---

[1] 无人机装载的为实现无人机飞行要完成的特定任务所需的仪器、设备和分系统，统称为无人机的有效载荷（payload），或者叫任务载荷（mission payload）。

术重要性不言而喻。然而受关键核心技术的约束，彼时中国的成像雷达技术正处于演示验证和应用攻关期，无法一步到位应用在无人机上，但光电载荷技术较为成熟。因此，首先需要研制出一个装载光电载荷的无人机基础性平台，同时在总体设计的时候提前考虑雷达的位置、功能等，为未来平台装载成像雷达载荷以及其他任务载荷预留空间、接口等。

为此，使用总体单位历经两年多的需求论证和技术可行性论证，将国家需求转化为研制总体单位能够理解、执行的上千个技术指标，特别是明确了中高空、长航时、远程、隐身等核心指标参数。基于此，该项目作为"中高空长航时远程无人机工程"被国家立项，并采取投标竞争的方式选择研制总体单位。

北航具有研制无人机的辉煌历史，如1958年研制出中国第一架无人驾驶飞机——北京五号无人机，20世纪80年代研制出高空高速无人侦察机——无侦-5无人机。凭借着长期积累的研究基础和人才队伍，北航由校长亲自挂帅，举全校之力进行先期论证，经过多轮角逐，最终成为该项目的研制总体单位。在此基础上，北航筛选、协调了多家参研和配套单位组成研制团队，历经"总体设计—工程研制—试飞定型"三个阶段，实现了长鹰无人机的交付与量产。该大型无人机被命名为"长鹰"，出自毛泽东的词"今日长缨在手，何时缚住苍龙"（《清平乐·六盘山》）。从"长缨"到"长鹰"，不仅体现出这款无人机的核心功能，即如老鹰一般"目光如炬"，实现高空远距离侦察，同时也隐含了国家对这一战略工程项目的极高期望。

2. 长鹰凭借什么"缚苍龙"?

长鹰无人机有以下几点突破：

第一，从 6 小时到 40 小时的航时跨越。航时又称续航时间，即耗尽可用燃料所能持续飞行的时间。航时越长，表示飞行器具备的留空飞行能力越强，相应单架次飞行获得的信息越多。长鹰无人机问世之前，国内无人机的最长续航时间在 4 小时左右，有人机的最长续航时间在 6 小时左右[1]，而长鹰无人机则凭借 40 小时的续航时间比肩当时代表国际最先进水平的美国全球鹰无人机[2]。如此长的续航时间，有利于实现全天候、大范围、高精度监测，满足我国辽阔国土、绵长边境海防线的侦察需要。而正是由于长航时无人机的使用环境、任务要求与常规飞行器存在很大差别，因此长鹰无人机的外观设计，需要在翼载[3]、机翼升阻比[4]、结构质量等事关长航时的关键指标方面实现系列原创性突破。

第二，全新的无人机架构设计。架构设计是产品"分解与连接"的设计思想，即产品的功能单元组合为实体装置的结构配置，包括功能单元形成物理组件以及相互作用的物理组件间的界面规格，决定着产品核心功能的实现。面对长鹰无人机的高水平指标需求，研制团队

---

[1] 源自访谈资料。
[2] 全球鹰无人机是高空长航时无人机的典型代表，具备超强的留空飞行能力、空中监视及情报和侦察能力，续航时间超过 33 小时。
[3] 翼载指飞机飞行总重和机翼面积之比，是飞机总体设计的主要参数之一，关系着飞机的起降性能、爬升性能、机动性能、最大航程、最长航时和升限等方面。
[4] 升阻比指升力与阻力的比值，表征气动效率水平。升阻比越大越好。

需要从底层知识体系出发对架构进行全新布局。因此，为了确保长鹰无人机的远距离侦察任务顺利完成，研制团队重点围绕无人机远距离飞行过程中的自动控制与导航制导[①]、信息传输等系统进行架构的创新设计，并为未来系统拓展、功能优化预留了稳定而通用的载荷空间。

第三，零部件高新研率。零部件新研指采用新材料、新工艺等新技术，创造出新的零部件或对原有零部件进行改良的过程。研制一款全新的复杂产品，安全做法是尽量采用经过验证的、具有可靠性的零部件，否则可能因研制新零部件而延长整机研制周期、增大复杂工程的风险性。然而长鹰无人机要达成一系列极高的指标，必须广泛尝试新技术。如飞机要飞得远、飞得久，必须减轻重量，为了减重，长鹰无人机不仅要在蒙皮、机翼上大面积创新使用同等结构强度下质量更轻的复合材料，同时还要考虑复合材料的结构柔性是否会降低大尺寸机翼整体的刚度。为此，研制团队从小试件做起，不断优化复合材料共固化成型方案，最终攻克了复合材料大型构件整体共固化残余变形处理技术。类似的例子在长鹰无人机研制中大量存在，由此带来长鹰无人机远高于一般航空创新产品的新研率。

第四，初步形成了无人机产业链的生态布局。无人机的产业链包括上游的设计研发及关键原材料生产、中游的整机制造特别是核心系统制造（如动力系统、导航与飞行控制系统、任务载荷系统等）、下游的应用场景开发（如侦察、物流、应急救援等）。在长鹰无人机问

---

① 导航的意思是给出航线引导目标到达某点，制导的意思是导引并控制目标到达某点。二者的区别就像有人问路，导航是给他指路，制导是给他带路。

世之前，无人机还属于比较小众的领域，技术和团队主要源自研究型大学，并未引发航空工业部门大量资源的整合与聚集，因此无法形成相关产业链布局。在长鹰无人机的研制过程中，北航营造了相对开放包容的创新环境，通过与参研、配套单位的合作，推动形成无人机产业链的生态布局。如在与参研、配套单位共同研制导航与飞行控制系统时，北航为其提供了首次从系统顶层了解导航与飞行控制系统设计全貌的契机。要知道其之前主要是为各类飞行器的导航与飞行控制系统做二、三级配套，很难接触到系统总体的核心设计。是参研长鹰无人机的经历，让其实现了从系统局部到系统总体再到整机总体的设计跨越。目前其在无人机产业链的上游、中游都发挥着关键核心作用。同理，当时负责长鹰无人机测控与信息传输系统、任务载荷系统的单位现在也都成长为无人机产业链上的中流砥柱。

总之，"长鹰"之所以能缚苍龙，得益于其原始创新的系列表现，即突破了大型长航时无人机的关键技术，也实现了关键零部件的自主创新，更是推动了中国大型无人机技术的跨越式发展。那么，这些原始创新是如何实现的？研究型大学又是如何起到助力甚至主导作用的？

3. 长鹰无人机的外观、架构、零部件

实现航空产品的原始创新，主要体现为总体设计。作为复杂产品，

其开发的关键不是对某种单项技术的掌握，而是综合各种技术的能力，这种"综合"就集中体现在总体设计上。对长鹰无人机而言，总体设计体现为全新的外观设计、架构设计以及零部件创新三大部分。

外观设计难点与破解

无人机总体设计首先体现为外观设计。外观设计事关无人机的飞行特征和性能，一般指考虑空气动力布局和制造材料，确定机身、机翼、尾翼等部件的外形和架构布置。而长鹰无人机的总体设计是高起点、跨越性的，其外观设计面临两座大山。

第一座大山是没有可模仿的原型机。顾名思义，原型机指在全新型号研制过程中按设计图样制造的原型机械，主要用于各项指标测试。如果把型号研制比作练字，那么原型机就好比字帖，比照字帖描红或临摹，往往容易"练得一手好字"。以神舟系列飞船为例，神舟一号飞船的外观设计是在参考当时国际上较为先进的第三代飞船即苏联的联盟号飞船的基础上进一步改进创新的。更为重要的是，各类型号工程进入方案设计阶段需要具备的关键条件之一是"型号工程项目的关键技术已具有相当的预先研究成果"。也就是说，即使是原型机的研制，其中的关键技术也应该具有预研基础。相较而言，长鹰无人机的研制更像是在既没有"扎实练字功底"也没有"可临摹的字帖"的背景下，要求直接创造一款全新的"字帖"。在时间紧迫而又缺乏可对标产品资料的背景下，从零开始设计原型机外观，其难度不言而喻。

第二座大山是用户需求复杂。产品设计需要基于用户需求，去定义产品的任务、性能以及预估研制成本、时间等。长鹰无人机的用户是国家，国家出于维护国家主权与利益的战略需求，围绕长航时、远程、高空、隐身等性能要求，提出了高难度的技术指标。这种高难度不仅体现在要实现单个指标，还体现在要兼顾多个指标，因为这些指标是相互制约的。以兼顾远程与长航时性能为例：当无人机飞到上千公里之外时，操纵手如何在地面对无人机进行远程遥控呢？这就需要在无人机头部安装大型天线设备，以实现"地面—无人机—卫星"通信链路的畅通，从而将操纵手的指令实时传达给无人机。为安装天线设备，无人机头部必须设计得比有人机大一些。然而这一设计会增大无人机的飞行阻力，为抗拒阻力势必会增加油耗，如此一来，就会缩短无人机在既定油量下的飞行时间。类似的例子在长鹰无人机研制过程中比比皆是。因此，从技术实现路径上来讲，要同时实现飞行时长和飞行距离的目标绝非易事，必须在外形设计方面打破原有的路径依赖。

北航为翻越这两座大山，在两方面进行攻关。一方面，举全校之力，设计原型机的外观。北航之所以可以在较短时间内推出原创的外观设计方案，主要是因为有以下三点优势：第一，长期的学术积累，特别是北航师生约50年对前沿技术研究的积累。其中具有代表性的人物是一对长期耕耘于翼身研究的教师夫妇，他们贡献出了多年前设计的无人机外形方案。该方案成为长鹰无人机外观原型的重要参考。第二，组建了老中青三代相结合、学科交叉的研制团队，不断优化该设计方案。在校长牵头下，来自不同专业、不同年龄段的北航人共同努力，凭借在翼身融合、隐身方面的领先研究，设计出了稳定性、可控性良好的全新翼身布局。第三，发挥求真务实、严谨科学的探索精神，力求用试验数据说话。北航不仅提出了全新的外观设计方案，还研制出了1∶4的演示验证飞行器，反复试验论证，以确保方案的可行性、优越性。"这款无人机上好多所谓原创技术，不是说这个技术在世界上是原创的，而应该说是我们国内不知道国外是怎么做出来的，我们从零开始研究，实现了技术的原理性突破。"型号副总设计师回忆说。

另一方面，运用一体化设计思路寻找气动和隐身性能的最佳组合搭配。著名飞机设计师达索曾说："飞机是飞在大气中的，所以要想飞得好，自然需要有一张能让空气爱上的'脸'。"这里的"脸"就是指飞机的气动布局。对大型长航时无人机而言，其气动布局的要求十分苛刻，先进的气动布局可以使无人机具有良好的流线型设计，从而减小飞行阻力，提高飞行效率，达到既定续航时间和巡航高度，具体表现为高升力、高升阻比、低雷诺数[①]的翼型优化设计、机翼机身相对位置以及螺旋桨的布局位置等。与此同时，在合理的气动布局下考虑隐身，有利于提升无人机的生存能力。

但无人机的隐身性能在很大程度上受制于其气动布局。即使是在当下，纵观国内外飞行器设计，为满足隐身要求而在气动方面做出牺牲也是极其困难的。面向这一对相互联系又相互制约的性能要

---

① 雷诺数可用来确定物体在流体中流动所受到的阻力。

求，长鹰无人机的外观设计团队尝试运用一体化思路，在没有先进的仿真计算软件的条件下，通过大量手动计算与试验验证，不断折中与优化，而不过分追求某一性能的极致，最终在"矛"与"盾"之间找到了答案，实现了气动与隐身的兼顾和最佳组合。遵循这样的一体化设计思路，同类型用户复杂需求难题也迎刃而解。

架构设计难点与破解

无人机的架构设计，一般指对无人机系统进行科学的技术状态分解和连接，确定各分系统、子系统的功能以及它们之间协作关系的过程。而长鹰无人机作为中国原创的中高空长航时无人机，其架构设计主要面临以下两大难点：

第一，没有技术体系与标准。技术体系与标准代表一个型号项目的研制指南，用以对型号项目的系统功能和关键技术做标准化规定，有利于指导研制总体单位清楚地知道需要保证哪些技术参数、达到何种性能标准以及如何达到。在没有技术体系与标准的研制条件下，使用总体单位与研制总体单位不仅需要花大量的时间、精力去论证和细化每一个技术指标，还要协调参研、配套单位对各关键分系统接口进行标准化处理。以围绕 40 小时续航时间进行技术体系与标准的设计为例：其一，需要使用总体单位从核心部件开始论证，同时基于气动布局升阻比进行大量试验计算，最后论证这一指标是否可实现、是否合理。如果不合理，还需要提出改进后的指标，并对可实现这一指标的核心部件型号、机体材料等提出指导建议。其二，需要研制总体单位综合评估自身技术力量与相关参研、配套单位技术水平，以明确哪些建议可以实现，哪些需要调整才能实现，哪些暂时还不具备实现的条件，哪些有预期实现的可能。最终围绕如何实现40小时续航时间的技术方案，确定详细技术参数与性能标准。工作量之大、工作任务之艰巨，难以想象。

对此，彼时的型号副总设计师有一个很形象的比喻："使用单位是业主，我们是装修设计公司，这就好比现在有一间毛坯房，找我们装修。我们作为一家装修设计公司，本身并不施工，但我们得根据业主提供的预算以及需求去做总体设计。比如业主不确定要中式的还是西式的、要现代的还是传统的，我们就得一稿一稿地拿出图纸，让业主满意了，方案确定了，再找合适的施工队进场，开始装修。当然，这里有一个问题，就是业主的需求有时候也是模糊的。因为大家都没有可参照研制的大型长航时无人机技术体系与标准，所以当我们交出一份图纸的时候，有可能又会促进业主提出更细更新的需求。也就是说使用单位提出的指标，可能是几句话一带而过，但放到我们这里，可能最终会转换出一本书那么厚的指标性文件。"

第二，追求局部最优而偏离整体设计目标。在实践中，架构设计往往会陷入追求局部最优而偏离整体设计目标的困境。具体来看，各参研、配套单位往往着眼于各自所负责的系统最优化设计，如负责飞行器平台设计的单位致力于加强机体结构，负责动力子系统设计的单位致力于降低油耗、提高续航能力。这些看似积极的局部调整，实则牵连甚广。因为飞行器平台好比无人机的机体骨架，而动力子系统则好比无人机的心脏，二者同属无人机系统整体，相互作用、动态依存。如果一味强化骨架结构，而"心脏"油耗有限、动力不足，则系统整体无法有效运转。同理，无人机的其他"器官"，如作为"眼睛"的光电载荷子系统、作为"大脑"的导航与飞行控制子系统，也都是彼此关联且牵一发而动全身的。因此，追求局部最优很有可能带来对其他局部的损害。而这种损害积累到一定程度，就会导致系统整体功能异常甚至"死亡"。

在缺乏无人机设计的技术体系与标准，又要实现全新的无人机架构设计的情况下，北航该如何突围？一方面，围绕关键功能进行全新的系统选择和布局。无人机本质上是一个高度智能化的闭环反馈控制系统，包含空中系统、地面系统、任务载荷和综合保障等几类系统。针对无人机的类型和使用环境，可选择不同的系统并进行组合。基于此，长航时无人机形成了飞行器分系统、测控与信息传输分系统、侦察任务设备分系统和综合保障分系统的架构布局。同时分系统也具有明显的层级，包括各自下设的子系统（见图3-1）。其中，侦察功能是国家对于长航时无人机的迫切需求，依托光电载荷系统[①]来实现。该系统好比无人机的眼睛，要求在严苛的高空飞行环境下确保无人机看得清、看得远、看得准。所谓看得准，是指能够确定侦察目标的具体位置。然而彼时光电载荷系统即使在有人机上的应用也是非常落后的，需要专人肩扛手拿侦察设备进行简单操作，且仅能实现"看得

[①] 光电载荷主要用于侦察监控巡视。

见"。因此将这套系统应用于无人机时需要系统创新。长鹰无人机研制团队凭借深厚的理论功底,从假设、论证到设计、仿真,不断循环往复。在方案的动态迭代、优化过程中,研制团队设计出了全新的优质光电载荷系统。这一系统不仅实现了完全的自动化,还具备很好的稳定性,从而可以获得远距离的高清图像,保证侦察任务的高质量完成。这也为大型无人机运用于地质测绘、气象减灾、应急救援等领域奠定了基础。上述无人机光电载荷系统的创新,虽然只是无人机系统下若干子系统的代表之一,却也是长鹰无人机从零到一创新路径的一个缩影。

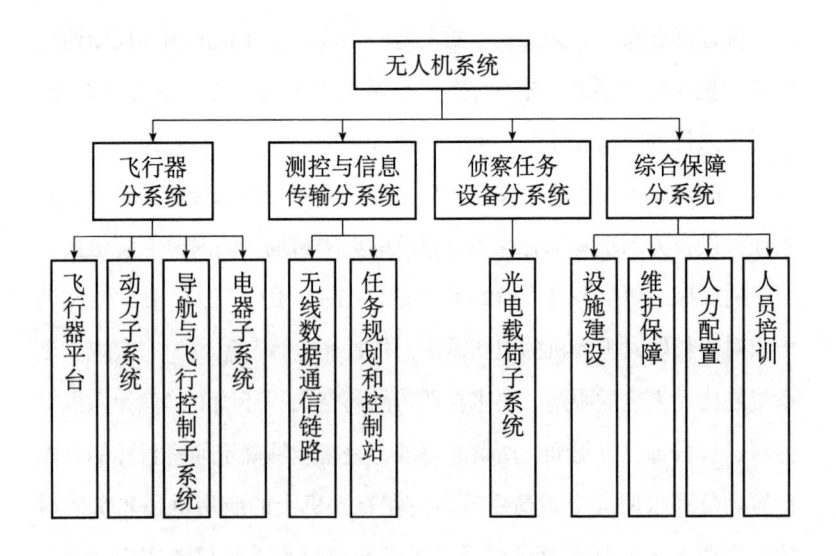

图 3-1　长航时无人机的架构布局

注:笔者结合公开的无人机系统知识绘制而成。

另一方面，通过减重实现整体与局部的平衡。长航时是长鹰无人机的重要技术指标，而要实现长航时，就必须让无人机整机重量尽量减轻，最大限度地"减重"。然而局部系统的调整往往会增加整机重量，这是局部与整体之间的矛盾。为此北航围绕减重目标开展有针对性的部署和指导，通过三轮减重为长鹰无人机"瘦身"：

第一轮，先减"大头"。考虑到机身机翼的重量占据了全机的较大比重，因此北航与在复合材料研制生产方面具有扎实积累的单位强强联合，在整个无人机上大面积创新使用同等结构强度下质量更轻的复合材料。由此，整机重量大幅度下降。

第二轮，"不该减的绝不乱减"。导航与飞行控制系统的冗余备份的设计，即多余度管理[①]，有利于优化无人机在长时间飞行中的故障自主纠偏，确保飞行安全。一般来说，余度越多，系统越庞大，相应的部件重量也会增加。但考虑到减少一个余度就意味着无人机长时间飞行少了一分控制、多了一分风险，因此北航给该系统设计部门"让渡"了一部分重量，确保其不会因减重目标而缩减余度、损失可靠性。

第三轮，"精雕细琢"。经过前两轮"瘦身"后，无人机距离目标重量值还多出几十千克。此时只能依靠"穷举法"逐一研究无人机各个部件的结构重量随着相应总体参数的变化而变化的程度，通

[①] 在多余度飞控系统中，称单个控制单元设备报错为1次故障，2个控制单元设备报错为2次故障，并以此类推。三余度飞控系统设计要求1次故障时还能够正常执行飞行任务，2次故障时系统安全降级，但仍能保证安全飞行。

过严谨复盘所有的图纸和数据，找出对无人机结构重量影响较为敏感的总体参数，进而予以优化。为了实现这些重点参数的优化设计，北航面向所有参研、配套单位，组织飞机工艺、飞机设计等不同领域的设计师共同参与测算、论证和复核，从翼面的碳布到起落架上的阀门，不落下一道工序、一个细节。大家提出"为减重一克而努力"的口号并身体力行。要知道同类型大型无人机的一般起飞重量为上千千克，最大起飞重量更是以吨计数。而中国这款无人机的研制团队以克为单位进行减重，精密严谨程度从中可见。

零部件高新研率所致风险与破解

长鹰无人机外观设计与架构设计的创新，最终以数以万计的零部件及其组合的方式呈现，并由此带来整机零部件的高新研率。其中具有代表性的是，自此以后中国长航时无人机普遍采用轻质复合材料，特别是用在机身机翼上，使得整机结构重量减轻、诱导阻力减小。然而，高比例的零部件创新也意味着彼时的长鹰无人机好比一个试验台，需要充足的时间进行大量试验。只有在地面上成功验证了这些新设备、新零部件的可行性、可靠性，才能降低无人机上天之后的风险，正所谓"地面的问题决不能带到天上去"。然而彼时的时间、经费都不足以支撑长鹰无人机在设计定型之后再开展大量的试验验证。

"要从一开始就确保万无一失，那绝对不能单打独斗。"这是型号副总指挥常挂在嘴边的一句话。为了从设计前端降低新产品、新技术带来的风险，提高整机可靠性，北航积极践行"两线三师"组织管理体制。"两线三师"组织管理体制是总体单位协调参研单位进行联合攻关和风险管控的依据。"两线"是指平行的指挥线与技术线。指挥线承担型号研制任务的经济、质量和安全责任，全面协调整个项目的设计、生产和试飞；技术线则主要协助指挥线对项目实施管理，对项目的技术及设计、试验质量工作负责。"三师"是指总设计师、总指挥和总质量师，分别对项目的技术、组织协调、质量和可靠性进行管理和负责。在这一体制下，北航特聘请质量管理专家，面向"两线"的所有单位开展为期55天的可靠性讲座，各分系统的设计师一起关注可靠性、重视可靠性，力求将总体设计与质量管理并重并行，从源头控制创新的风险。

"好在我们擅长学习。抠标准，读文件，搞培训；访企业院所，请专家顾问，编规章制度；边学边用边争论，想方设法提高队伍对可靠性的认知。记得当时的可靠性培训班我也参加了，考核特别严格，要求主要管理者都必须拿到质量管理体系内审员资格证书才能从培训班毕业。甚至还派导航与飞控系统设计人员和操纵人员先去航校学开飞机、拿飞行驾照，以此来丰富技术人员的感官认识，提高系统设计、可靠性设计的能力和水平。我们深知，这么大的无人机绝对不能像做航模一样靠试、凭感觉来'摸着石头过河'，我们必须靠精准的设计、用数据和事实来说话。"型号副总指挥想起曾经为无人机奋斗的岁月，不禁这般感慨道。

最终，长鹰无人机在首飞返航时平稳安全着陆，正好对准跑道中心线，不偏不倚堪比"人工摆放"，就是对风险管控、可靠性管理的最好体现。

2007年4月23日是整个研制团队终生难忘的日子。经过三年零五个月的外场飞行及地面试验，研制团队完成了对全系统战术技术指标的验证，大部分指标达到或超过预计水平。经过商议，全系统可以进入设计定型阶段了。2007年12月29日，该款大型长航时无人机通过了设计定型审查。至此中国首个大型长航时无人机研制工作画上了完美的句号，而我国国防装备梯队从此也多了一个"杀手锏"。

综上所述，在使用总体单位、研制总体单位（北航）与参研、配套单位的紧密配合下，历经多年终于成功定型与交付的长鹰无人机开创了我国大型无人机新时代。它的诞生，不仅带动了北航的学科发展，也为国内无人机行业培养了一流人才，更重要的是为国家打造了一款技术先进的战略工程型号无人机，构建了全新的稳定的大型无人机飞行平台。

4. 从零到一构建无人机平台

面对国家战略工程的重大需求，研究型大学综合考虑自身在基础研究方面的优势和工程研制经验的不足，以全新的总体设计为起点，面向外观、架构、技术体系与标准、零部件创新等方面的复杂整体性问题，综合权衡与全面协调、反复迭代与多轮逼近，造出中国自主开发的大型长航时无人机飞行平台的原型机，实现了从零到一的创新。基于此，归纳原始创新的实践逻辑如下。

识别原始创新的复杂整体性问题

长鹰无人机创新是一项复杂系统工程。识别创新过程的复杂整体性问题，寻找适合自身的创新模式，成为突破关键核心技术的重要法宝。

第一，全新的外观与架构设计。外观设计是指对产品造型的设计，即综合产品外部点、线、面的移动、变化、组合而呈现的外表轮廓，关系着产品特征和性能。长鹰无人机问世之前，中国的无人机外观设计主要源于对有人机的改型，然而仅靠改型无法满足中高空、长航时、远程、隐身等高水平技术要求。对此，长鹰无人机围绕外观和架构进行设计，创新了大型无人机平台。这一创新设计不仅从空气动力学角度极大地降低了飞行阻力、提高了飞机升力、延长了航时，也为平衡远程、强化隐身等性能提供了全新的设计思路。这一过程，需要研究型大学充分发挥知识积累与前沿探索的优势，举全校之力组建老中青三代师生团队，调动各个学科资源，实现从基础研究到总体设计的转化。

第二，制定了无人机的技术体系与标准。一套完整的无人机技术体系与标准，有利于指导无人机系统进行科学的技术状态分解与连接，在实现无人机平台基本功能的同时，也为优化平台功能、促进同类型无人机迭代、拓展无人机应用场景以及发展其他无人机产品提供技术依据。长鹰无人机研制团队之所以能构建大型无人机技术体系与标准，主要有两点原因：首先，使用总体单位经过多年跟踪与预研，提出了大型无人机产品功能与可行性论证方案，这为技术体系与标准的建立提供了方向；其次，研制总体单位即研究型大学发挥专业与人才优势，对内协调各院系形成跨专业、跨部门的队伍，共同对无人机系统进行选择和布局，对外协调参研、配套单位完成多轮平台减重，最终形成通用化的无人机平台架构。在无人机系统架构的构建过程中，无人机的技术体系与标准逐渐制定并完善。

第三，高比例的零部件创新。原始创新需要大量的零部件原创，这要求研究型大学从科研到工程实现思维和能力的转变。在思维层面，不仅要追求技术的先进性，还要考虑风险性和经济性；在能力层面，不仅要懂技术，还要懂管理，包括质量管理、项目管理、团队管理等方方面面。为此，北航建立了全过程质量管理与故障归零制度，积极与在工艺制造领域有经验的单位合作创新，最终在确保任务可靠性的基础上实现了无人机零部件的高比例原创。由此，进一步培育了大型无人机产业链的供应商，丰富了其应用场景，初步形成了无人机产业链的生态布局。

归纳原始创新的基本条件

创新链上从无到有的创新,需要明确的创新方向与要素供给,这是实现原始创新的基本条件。国家从创新方向与要素供给两方面推动原始创新:

一方面,维护国家核心利益,为突破关键核心技术指明了战略方向。众所周知,国家核心利益既包括国家主权,也包括领土完整[①]。20 世纪末 21 世纪初,为维护国家主权与领土完整,中国必须发展具备制空权、制海权和制信息权的飞行器。在此背景下国家战略工程应运而生。彼时,国家需要一款大型长航时无人侦察机,以期能够与当时全球同类型无人侦察机的几乎所有最先进指标比肩,包括中高空、长航时、远程、隐身等。而这些指标又是相互制约的,也是高难度的,甚至是历史罕见的难点。但主权问题面前不容谈判,一切都需要以国家利益为出发点来思考和处理问题。可见,国家战略需求是产生原始创新的充分条件之一。

另一方面,国家战略工程项目赋能研究型大学,构建协同攻关、跨领域、跨学科的组织运行体系。北航作为研制总体单位服务国家战略工程,有利于全面调动资源,整合创新要素,加速创新进程。研究型大学虽然具备触发原始创新的基础能力,但是缺乏实现原始

---

① 2011 年 9 月 6 日,国务院新闻办公室发表的《中国的和平发展》白皮书第一次展示了中国的六项核心利益:国家主权,国家安全,领土完整,国家统一,中国宪法确立的国家政治制度和社会大局稳定,经济社会可持续发展的基本保障。

创新的工程研制经验，即难以将基础研究的原创性成果转化为具备经济价值或商业化前景的新产品开发平台。而有了国家战略工程项目赋能，一是推动了北航与国内多家在航空领域水平颇为先进的单位联合攻关，二是国家背书的"合法性"，也提高了北航协调资源的能力和决策执行的效率。

5. 国家需求与技术实现双驱动

结合上述实践逻辑，本章进一步进行理论构建与延伸性讨论，即清晰界定原始创新的基本属性与边界，以及揭示其背后"为什么"的学理逻辑。

原始创新的三重属性

我们认为，原始创新的基本属性包含三个层面的内容，即架构原创性、系统突破性、平台基础性（见图3-2）。

架构是对产品的物理构成要素进行的功能描绘，影响着产品和流程设计、组件标准化和产品开发管理。相对于模块创新，架构原创性体现为原创的顶层设计，通过主导原创产品的诞生与迭代，实现技术的跨越式进步。于国家战略工程而言，架构原创性象征着新一轮的创新起点。不同于基础研究带来新原理、新方法的突破，架构原创性意味着在没有参照物的前提下提供独立自主的外观设计与原创的产品架构。外观设计影响机型的身材与颜值，具体表现为气动和隐身性能的最佳组合搭配、复合材料的机身机翼结构设计与维修等；而产品架构类似无人机的神经，决定其先进性，具体表现为远距离侦察、多余度自动控制等技术。由此，开创了我国无人机由近中程、短航时向远程、长航时跨越的新时代。

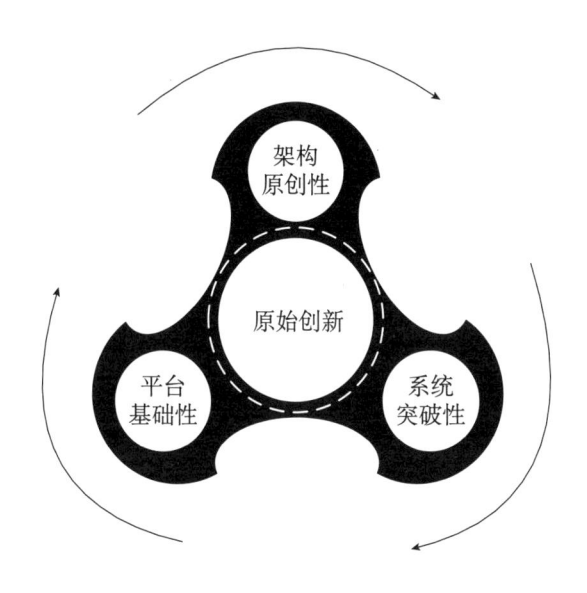

图 3-2　原始创新的属性

注：笔者整理而成。

大型技术系统包含许多互相区别但又互相联系在一起的系统，每个系统都执行独立的任务，但面向共同的目标（如长鹰无人机的中高空、长航时、远程、隐身指标）。同时，技术系统具有明显的层级，包括系统的系统（即大型技术系统本身，如长鹰无人机平台）、复杂产品系统（如长鹰无人机的机体外观）、元件系统（如长鹰无人机的四大分系统）和零组件。由于组成系统的各种技术和亚系统之间存在高度的相互依赖性，不能被完全分解为模块，所以开发这些系统需要基于系统工程思维，实现系统突破性。而长鹰无人机的技术体系与标准，作为系统工程思维的具象化，既实现了国家战略需求的详细化、参数化，又保障了工程质量、进度与技术性同时达标。

长鹰无人机之所以被称为原型机，不仅仅是因为实现了架构原创性与系统突破性，更重要的是构建了新产品开发平台。该平台为推动无人机的工业体系建设、产品型谱迭代以及应用领域拓展，奠定了扎实的基础。依据国际主流创新理论的共识，技术进步只有以产品的形式呈现才有可能对经济发展产生作用。所以作为产品开发的技术活动系统，新产品开发平台是把需求和技术可能性结合起来，形成推向市场的产品以及积累于组织内部的技术能力。结合案例可知，其"基础性"核心体现在长鹰无人机这一新产品开发平台，代表了这类大型无人机技术研发活动的基本惯例化，具体表现为该平台可以为无人机产业链上游提供设计研发的核心技术、培育中游的供应商网络、增加载荷以丰富下游的应用场景。可见，后续无论是对现有产品的改进，还是对新产品的开发，都必须以这一平台所包含的产品及相关技术活动为依据。

综上所述,本章基于长鹰无人机研制的实践活动,提炼了原始创新的三个基本属性:架构原创性、系统突破性、平台基础性。三者间存在层层递进、互为因果的内在逻辑关系,具体表现为:从顶层设计出发设计原型机架构;在架构构建过程中形成新的技术体系与标准指导系统突破;系统突破所需要的技术能力与活动以惯例化的方式综合体现在原始创新技术平台中,为产品优化、迭代乃至整个无人机产业链发展奠定基础。这一发现,一定程度上回应与发展了熊彼特创新理论。熊彼特强调创新的实质是一个"从科学到市场",即将发明应用到市场上为消费者提供商品的过程。而本章将原始创新纳入创新链进行识别,恰恰是从原创性的源头、突破性的过程到基础性的结果全过程打开原始创新的"黑箱"。这在很大程度上弥补了以往研究没有把原始创新放在特定语境下进行整体认知的不足,使原始创新属性界定清晰化、具象化,厘清了原始创新的内在机理。

同时,上述发现也驱动本章从技术内部视角去体系化地界定原始创新的边界。从内部视角观察技术的本质,它是某些共同部件和架构的组合。同理,以长鹰无人机研制为代表的原始创新,不仅改变了零部件本身,如形成整机零部件的高新研率,也改变了零部件所处不同层级的互联方式,即导致系统架构的变化,形成整合零部件供应链资源的新产品开发平台。这一界定将原始创新与颠覆性创新、根本性创新等既相似又不同的概念,从边界上进行较为明确的区分。以往，针对颠覆性创新、根本性创新等的研究，多基于技术外部、市场等视角，去关注创新所表现的脱离原有技术基础的程度，探讨新进入者如何取得新技术与开拓新市场。而基于技术内部视角归纳的原始创新，建立在能够改变零部件和架构的基础研究之上，但又不等同于基础研究的突破。那么，欲进一步回应"原始创新从何而来"这一问题，就需要进一步探究从基础研究到原始创新的转化路径和机制。

国家需求与技术实现双驱动理论模型

本章深度阐述"原始创新"背后的"为什么"学理逻辑，即为什么研究型大学能助力或主导原始创新，以及原始创新从何而来。这需要创新主体解决"冷启动"难题。"冷启动"难题表现为：缺乏原型机和无人机技术体系的中国，不仅要在技术封锁背景下从头掌握科学原理，还要在时间与经费相对紧张的环境下，研制出新产品开发平台。

国家需求与技术实现的双轮驱动，可以有效破解这一难题。为维护国家核心利益而提出的需求，需要国家有关部门（即使用总体单位）在科学论证的前提下，将其转化为涵盖系列技术指标的重大战略工程，进而以技术民主、工程立项招标等形式激发研制总体单位（北航）的技术创新潜力，催生原创的技术。可见，国家需求与技术实现的双轮驱动催生了原始创新（见图3-3）。

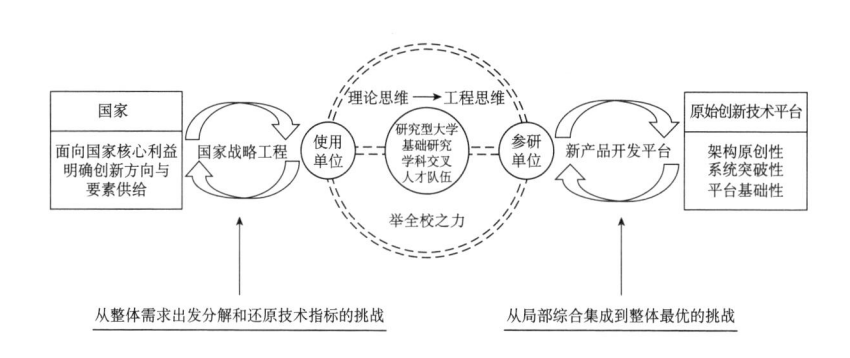

图 3-3　国家需求与技术实现双驱动的原始创新理论模型

注：笔者整理而成。

该理论模型的第一个特征是从整体出发进行分解和还原，将宏观的国家需求转化为有可操作性的国家战略工程项目。

国家战略工程的技术突破，不完全由技术决定，更多取决于其所承担任务的目标。如长鹰无人机的研制，首先必须包含对国家需求的解读，并将国家需求转化为工程研制的技术指标。国家为了维护主权与领土完整，提出了一款长航时、高分辨率的侦察装备需求。那么这究竟是一款怎样的侦察装备呢？具体的航时、巡航高度、有效载荷等应具备怎样的参数？从国家宏观的战略需求转变为可供研制单位执行的总体方案，中间存在巨大的战略技术鸿沟。跨越鸿沟需要兼具战略性与技术专业性的使用总体单位，通过反复调研、充分科学论证，将国家需求转化为详细技术方案，包括各项技术指标的交付成果、研制周期、问责过程，并以工程立项的方式面向全国招标。因此，原始创新要求使用总体单位既能把国家核心需求转化为国家战略工程，又能准确评估研制总体单位的实力。唯有如此，使用总体单位才能引导、支持研制总体单位和参研、配套单位共同实现国家战略需求。

这一特征不同于先发国家采用的 A-U 模式，即依据"研究—开发—工程"顺序，在原有产业技术基础上再创新，有充足的资源与时间在技术变革时进行自身关键核心技术的更新、发展与转移。彼时的中国不具备相应的技术积累与时间优势。面对打破技术封锁、维护国家核心利益的迫切需求，国家需要这样一类权威部门起到以下两方面的作用：其一，主导战略性方向，通过重大工程立项的方式促进国家需求转化为具体技术指标；其二，创造新机会、新技术，即支持研究型大学凭借扎实的基础研究积累等优势，将技术指标以总体方案的形式进一步统筹、落地，进而通过自下而上的试验和学习形成技术及技术的组合，以回应使命。

该理论模型的第二个特征是从局部综合集成到整体最优，构建原创的新产品开发平台。

对于技术进步，必须从产品与活动的耦合，即产品与使用或生产这些产品的直接人类活动互相支持的组合来切入。新产品开发平台正是在现代工业组织中执行技术研发职能的这种组合系统。因此，需要长鹰无人机研制总体单位对使用、生产长鹰无人机的各类技术与管理活动进行整合，从而构建原始创新技术平台。具体来看，研究型大学作为研制总体单位，在使用总体单位的支持下，一方面发挥在基础研究、学科交叉、人才队伍等方面的优势，掌握关键核心技术原理；另一方面整合上游供应链，即协调参研、配套单位等创新主体进行联合设计、并行设计，从而形成技术攻关的强大合力，以弥补研究型大学在工程研制方面的不足，实现从理论思维到工程思维的转化。

这一特征也不同于后发国家追赶一般产品所遵从的逆 A-U 模式，这一模式强调后发国家的技术创新可以始于引进、模仿，通过反向工程的强化学习，实现从工艺创新到产品创新的进步。然而彼时的中国由于技术遭封锁，必须从外观与架构顶层开始设计。由此，原始创新的实现，不仅依赖于具有基础研究与交叉学科优势的研制总体单位，即研究型大学，还需要由解读国家需求的使用总体单位，以及具有丰富工程实践的参研、配套单位等创新主体共同完成。

本章的结论与贡献对指导后发国家进行原始创新，激发研究型大学在国家创新体系中的潜力与活力，推动中国无人机产业的技术进步与跨越，具有以下两点重要的启示：

第一，国家需举全国之力统一布局全局性、战略性工程，体现国家意志。回顾中国无人机的研制历程，从苏联停止援助迫使我国自主研制长空一号高速无人靶机，到国家下达研制高空无人驾驶照相侦察机任务，北京航空学院基于被击落的美国无人机残骸研制出高空高速无侦-5 无人机，再到这款中高空长航时远程长鹰无人机的诞生，无一不凸显国家意志、举国体制在创新中的关键作用。因此，研究型大学要主动对接国家战略需求，用好学科交叉融合的"催化剂"，瞄准科技前沿和关键领域，加强产学研融合，肩负起培养创新人才、推动知识创新、实现技术突破和科技成果转化的时代使命。

第二，展望未来，伴随着以人工智能为代表的新一轮信息技术革命的到来，以大型无人机飞行平台为起点的中国无人机产业要顺势而为，以数据为驱动，基于平台优势推动产业转型，提升核心竞争力。无人机不仅会改变未来战争的形式，也将改变人们的生活方式和行业应用模式。今后，大型无人机平台研制主体，需要依托载荷优势，加大各类民用应用场景的产品开发和推广，做全品类的无人机产品体系，为我国无人机事业的发展贡献更大力量。同时，国家也需要加强无人机行业应用顶层设计，将无人机行业应用纳入国家科技和产业发展战略体系，建立国家主导、属地主责、市场运营的管理体制，并进一步梳理无人机产业应用特点和发展需求[1]。

参考文献

阿瑟.技术的本质：技术是什么，它是如何进化的.曹东溟，王健，译.杭州：浙江人民出版社，2014.

陈劲，宋建元，葛朝阳，等.试论基础研究及其原始性创新.科学学研究，2004，22（3）.

---

[1] 刘艳.开启低空智联网新基建 打造数字经济新业态.科技日报，2021-04-23（5）.

段海滨，范彦铭，张雷．高空长航时无人机技术发展新思路．智能系统学报，2012，7（3）．

符长青，曹兵，李睿堃．无人机系统设计．北京：清华大学出版社，2019.

季晓光，李屹东．美国高空长航时无人机：RQ-4"全球鹰"．北京：航空工业出版社，2011.

赖欣巴哈．科学哲学的兴起．伯尼，译．2版．北京：商务印书馆，1983.

李东红，陈昱蓉，周平录．破解颠覆性技术创新的跨界网络治理路径：基于百度Apollo自动驾驶开放平台的案例研究．管理世界，2021，37（4）．

李显君，孟东晖，刘暲．核心技术微观机理与突破路径：以中国汽车AMT技术为例．中国软科学，2018（8）．

刘纪原．中国航天事业发展的哲学思想．北京：北京大学出版社，2013.

路风．论产品开发平台．管理世界，2018，34（8）．

路风．走向自主创新：寻求中国力量的源泉．北京：中国人民大学出版社，2019.

马东立，张良，杨穆清，等．超长航时太阳能无人机关键技术综述．航空学报，2020，41（3）．

盛昭瀚，梁茹．基于复杂系统管理的重大工程核心决策范式研究：以我国典型长大桥梁工程决策为例．管理世界，2022，38（3）．

盛昭瀚．管理：从系统性到复杂性．管理科学学报，2019，22（3）．

向锦武，阚梓，邵浩原，等．长航时无人机关键技术研究进展．哈尔滨工业大学学报，2020，52（6）．

叶鑫生．源头创新小议．中国科学基金，2001，15（2）．

袁家军．神舟飞船系统工程管理．北京：机械工业出版社，2006.

张学文，陈劲．使命驱动型创新：源起、依据、政策逻辑与基本标准．科学学与科学技术管理，2019，40（10）．

郑舒文，欧阳桃花，张凤．高校牵头国家重大科技项目科研组织模式研究：以北航长鹰无人机为例.科技进步与对策，2022，39（10）.

ALEXANDER P J. Paths of innovation: technological change in 20th century America. David Mowery and Nathan Rosenberg. Review of industrial organization, 2000, 16(3).

CHILD P, DIEDERICHS R, SANDERS F H, et al. SMR forum: the management of complexity. Sloan management review, 1991, 33(1).

DAFT R L, BECKER S W. Innovation in organizations. New York:Elsevier, 1978.

FLECK J. Artefact ↔ activity: the coevolution of artefacts, knowledge and organization in technological innovation//ZIMAN J. Technological innovation as an evolutionary process. Cambridge:Cambridge University Press, 2000.

KIM L. Crisis construction and organizational learning: capability building in catching-up at Hyundai Motor. Organization science, 1998, 9(4).

SCHUMPETER J. Theorie der wirtschaftlichen Entwicklung. Berlin: Duncker & Humblot, 1997.

ULRICH K. The role of product architecture in the manufacturing firm. Research policy, 1995, 24(3).

UTTERBACK J M, ABERNATHY W J. A dynamic model of process and product innovation. Omega, 1975, 3(6).

第四章
支线客机：面向商业运营的技术追赶 *

商用客机作为复杂产品具有知识密集、技术复杂与多样化、高投入高产出、长周期和高风险的特点，被公认为高端装备制造业的"皇冠"，集中体现了一个国家的科技水平、工业基础与经济实力，是国民经济发展的重要引擎。中国商用客机的起飞不仅关系到航空

---

* 本章内容：其一，主要源自论文《复杂产品后发技术追赶的主供模式案例研究》，发表于《科研管理》2021年第11期，作者为曾德麟、欧阳桃花。其二，部分源自教学案例《跨越技术标准的鸿沟：中国商用客机适航取证的先锋之路》。案例由北京交通大学经济管理学院的曾德麟以及北航经济管理学院的欧阳桃花、蔡家玮、郑舒文撰写，荣获2022年清华大学经济管理学院第五届"卓越开发者"案例大奖赛三等奖，收录于清华大学经济管理学院中国工商管理案例库。

产业的发展，也将全面推动国家工业体系的转型升级。特别是由中国商飞研制的 ARJ21-700 飞机（简称 ARJ21，Advanced Regional Jet for the 21st Century），作为中国首次严格按照国际适航标准研制的、具有完全自主知识产权的新一代喷气式支线客机，其适航取证历程，代表着我国民机产业进入商业航空时代的关键性探索。在适航取证过程中，ARJ21 经历了 52 项极端气象条件下的试验试飞、30 748 公里的环球试飞，累计试飞 2 942 架次、约 5 258 飞行小时，解决制约适航取证的技术难题 130 多个。几乎迈出的每一步都是中国民用航空工业的第一次，稍有不慎就极有可能让 ARJ21 乃至整个国家民机发展战略①"胎死腹中"。对于彼时的中国商飞来说，ARJ21 的适航取证究竟难在哪里？特别是当后发国家的适航标准与先发国家的适航标准碰撞时，中国商飞采取怎样的策略才能跨越技术标准的鸿沟？商用客机是如何完成技术追赶的？

---

① 1999 年国家形成了《关于我国民用飞机发展思路的报告》，作为指导民机产业发展的战略方针。其中的重点是：先发展新型支线客机，最终目标是中国能够生产出在国际上处于先进水平的商用飞机，形成具有竞争力的民机产业。具体分三个阶段：第一阶段，先研制具有市场竞争力，并且受到国内民航公司普遍认可，能够取得美国联邦航空管理局（Federal Aviation Administration，FAA）的适航证的新型支线客机；第二阶段，按照循序渐进、系列化发展的原则，在批量生产新型支线客机的同时启动窄体大型客机研制，机载系统还是需要国际采购；第三阶段，使飞机发动机、机载系统立足于国产化，最终形成民机产业。

1. 复杂问题用复杂系统管理

后发国家要成功研制商用客机,将面临前所未有的从技术到市场的复杂性挑战:第一,作为高端复杂产品系统,商用客机的研制十分依赖基础研究与产品开发的经验积累。一架商用客机的零件通常有 400 万～600 万个,其整机研制涉及数百个相关产业,且制造和总装过程需要日益增多和精准的专业化分工与协作。商用客机的研制要兼顾安全性、经济性、舒适性和环保性的整体平衡,这意味着后发国家企业想要跨过商用客机这一高端复杂产品的技术门槛,要同时具备驾驭复杂技术与商业化的能力。第二,商用客机的市场呈现全球统一特征,后发国家企业必须符合国际适航标准并取得适航证[1]才有资质进入市场运营,而该标准体系与话语权主要被欧美极少数国家所掌握。目前,波音与空客双寡头垄断了全球商用客机的主要市场,这意味着后发国家企业初入商用航空市场时,不仅不能引进、消化、吸收来自西方的客机研制技术,还会遭遇技术封锁与非技术壁垒的障碍。由此可见,商用客机技术追赶不是单个企业产品

---

[1] 所谓适航证是指商用客机在总装下线后,正式交付运营前,必须取得所在民航管理部门颁发的三个证件才能进入市场,分别是型号合格证(Type Certificate,TC)、生产许可证(Production Certificate,PC)与单机适航证(Airworthiness Certificate,AC)。只有取得这三个证,才能证明其是一款安全可靠的飞机,才有进入市场的资格。而在国际上较有影响的是 FAA 和 EASA 所颁发的适航证。无法取得它们颁发的适航证,则意味着相应的干线客机无法进入欧美市场。

研制的"简单局部"问题，而是在技术落后中通过创新活动带动众多产业技术升级的国家层面的"复杂整体性"问题。后发国家企业在远落后于世界前沿技术的前提下，实现技术追赶往往面临技术创新能力不足的挑战。创新的本质特征是创新主体打破均衡，这是熊彼特对经济学思想的持久贡献。关于后发企业通过技术创新实现技术追赶，已有研究提出路径跟随、阶段跳跃、路径创造等不同的追赶模式。那么，中国商用客机技术追赶的模式是什么呢？一方面，要避免"既然成功了就一定是因为某个或某些做法"的功能式解释；另一方面，也要警惕把学术研究当成不用做足够多的经验研究，就可以用现有理论框架解释一切的"智力特权"，从而忽视其应该是一个发现的过程。本章围绕商用客机从无到有的技术追赶路径展开理论探索，致力于揭示中国第一款新型支线客机的技术追赶过程。本章之所以选择商用支线客机——ARJ21技术追赶作为案例研究对象，是因为该项目从2002年4月立项，到2015年11月正式交付航空公司运营至今，经历了从市场需求出发设计产品、从适航取证到交付用户、从产品支援到系列发展的商用客机技术追赶全过程。ARJ21项目是一部波澜壮阔的创业史，无论是针对争夺航空市场的博弈，还是国家寻求新的产业支撑的决策，都在制造强国历程中写下了浓墨重彩的一笔[①]。

商用客机技术追赶属于管理复杂程度与管理环境复杂程度均高的"复杂的问题"，具体体现为：首先，商用客机技术系统的复杂

---

① 2016年，时任工业和信息化部部长苗圩在为《一个国家的起飞：中国商用飞机的生死突围》写序时提及。

性。商用客机技术发展建立在所有自然科学的研究成果与数百个产业的发展体系基础之上,研制流程包括总体设计、制造总装与适航取证三个复杂的分系统,每个分系统又含若干个子系统。因此,商用客机技术追赶的复杂性表现为整体层面多主体带来的复杂性,以及研制流程各阶段的复杂性。其次,商用客机技术追赶环境的错综复杂性。商用客机的战略地位及其产业链牵涉到全球供应链协作体系,因而国际政治、经济、技术与市场因素等错综复杂的关系将深刻影响商用客机项目的实施。

为了回答后发国家企业在技术落后情境下"如何"实现高端装备产品成功研制的复杂问题,本章将复杂系统管理作为理论视角。复杂系统管理最早可追溯到钱学森的系统科学思想理论,与以他为领军人物的我国航天工程与"两弹一星"的复杂系统管理实践。复杂系统管理是基于复杂思维与范式,通过融合复杂系统与管理科学而形成的具有中国特色的管理学新领域,它以解决重大现实复杂问题的实践需求为导向,关注复杂社会经济重大工程系统中一类复杂整体性问题的管理活动与过程。复杂系统管理的基本范式如下:首先,人们从主观上感受到硬系统层面的"物理复杂性";其次,将"物理复杂性"在复杂系统范畴内进行凝练与抽象,形成系统科学思维层次的"系统复杂性";最后,在管理科学范畴内,运用复杂性思维来认知、分析与解决问题,即"管理复杂性",由此形成了复杂系统管理的"物理复杂性—系统复杂性—管理复杂性"学理链的完整性。系统科学表明:不要还原论不行,只要还原论也不行;不要整体论不行，只要整体论也不行。二者要辩证统一[①]。

综上，本章运用复杂系统管理视角，从"系统整体论"与"系统还原论"两方面，以"问题—过程—结果"的朴素逻辑为分析框架，重点探讨以下两个问题：从整体论方法出发，识别中国商用客机技术追赶的关键特殊问题；运用还原论方法，以解决关键问题为导向，还原商用客机的技术追赶过程，并结合整体论，进一步归纳中国商用客机的技术追赶模式。这既是深化了钱学森复杂系统管理学术思想研究，也回应了对当今管理学理论时代化与本土化的呼唤。本章的学术价值不仅对诠释与推动中国商用客机技术追赶模式具有重要的实践价值，对深化管理学的学科体系、学术体系与话语体系建设也具有重要的理论价值。

2. 支线客机的技术进步演化

世界支线客机技术发展

在世界范围内，支线客机技术发展经历了从早期的活塞式飞机

[①] 钱学森在《致黄麟雏》(1984年6月11日)中曾表达此观点，参见涂元季.钱学森书信：第1卷.北京：国防工业出版社，2007：455。

到喷气式飞机①的发展阶段，飞行性能和经济性不断提高。自20世纪初以来，世界各地的航空业一直在不断发展支线客机技术。

首先，纵观支线客机技术发展时间线：20世纪30年代，DC-3机型的推出拉开了支线客机投入市场的序幕。由道格拉斯飞行器公司设计制造的DC-3客机是世界上第一款实用的活塞式支线客机，于1935年首飞，可容纳30名乘客，并在全球范围内被广泛使用。随着涡轮发动机技术的发展，在20世纪50年代，涡轮螺旋桨支线客机开始出现。这些机型具有较低的成本，可飞较远的航程，在支线的运输市场上获得很大的成功。20世纪60年代后，喷气式支线客机中最著名的机型是Canadair Regional Jet（CRJ）和E-Jets系列。这些机型改进了机载系统和舒适度，为地区和支线市场提供了更好的服务。在21世纪初，出现了新一代支线客机。这些新机型具有更高的燃油效率、更多的座位数，可飞更远的航程，代表着支线客机技术发展的新趋势。在未来，随着技术的不断发展和新的需求的出现，支线客机技术将继续发展和创新。

其次，聚焦时间线中具有代表性的支线客机制造商：在支线客机技术数十年的发展历程中，加拿大庞巴迪公司和巴西航空工业公司是两家著名的支线客机制造商，它们的兴衰集中反映了支线客机技术发展的历程。

庞巴迪公司是世界上最大的民用飞机制造商之一，也是最早进

---

① 喷气式飞机是一种使用空气喷气发动机作为推进力来源的飞机。

入支线飞机市场的公司之一。庞巴迪公司在20世纪80年代推出了CRJ系列喷气式支线飞机。该系列飞机因其高效、舒适、可靠的性能受到广泛欢迎，成为当时支线飞机市场的领导者。CRJ系列飞机从50座的CRJ-100飞机发展到100座的CRJ-1000飞机，累计交付了近2 000架。巴西航空工业公司是巴西最大的民用飞机制造商，也是世界上最成功的支线飞机制造商之一。巴西航空工业公司在20世纪90年代推出了ERJ系列喷气式支线飞机。该系列飞机以其低成本、高性能、强灵活性而受到市场青睐，与庞巴迪公司形成了激烈的竞争。ERJ系列飞机从37座的ERJ-135飞机发展到122座的E195飞机，累计交付了近1 500架。

随着全球经济发展和航空运输业快速发展，支线飞机市场也面临着新的变化和挑战。一方面，随着环保要求和油价上涨，支线飞机需要更加节能、环保、智能化；另一方面，随着客户需求和竞争压力的增加，支线飞机需要更加多样化、定制化、服务化。这些变化和挑战促使支线飞机制造商不断进行技术创新和产品升级。

庞巴迪公司在应对市场变化时，遇到了一些困难。庞巴迪公司在2008年推出了全新的C系列中型喷气式飞机项目，该项目旨在打破波音和空客在150~200座飞机市场上的垄断地位。然而，由于项目超支、延期、订单不足等原因，庞巴迪公司陷入了严重的财务危机，不得不出售部分资产和业务，包括将C系列项目51%的股份转让给空客，改名为A220。庞巴迪公司还将其CRJ系列飞机项目出售给日本三菱重工，从而退出了商用客机市场。巴西航空工业公司在应对市场变化时，表现出了较强的适应能力和创新能力。巴西航空工业公司在2013年推出了全新的E-Jets E2系列喷气式支线飞机项目，该项目是对原有的E-Jets系列飞机的全面改进和升级，采用了更先进的发动机、机翼、航电系统等，大幅提高了燃油效率、环保性能和客舱舒适度。巴西航空工业公司也与波音公司达成了一项合资协议，将其商用客机和服务业务80%的股份出售给波音，成立波音巴西商用客机公司（Boeing Brasil-Commercial），以提高在全球市场的竞争力和影响力。

除了庞巴迪和巴西航空工业两家公司外，还有一些新兴的支线飞机制造商正在崛起，如俄罗斯苏霍伊公司、日本三菱重工等。这些公司都在积极开发和推广自己的支线飞机产品，以争夺市场份额和客户认可。

俄罗斯苏霍伊公司是俄罗斯最大的民用飞机制造商之一，也是苏霍伊超级喷气-100（SSJ-100）喷气式支线飞机项目的主导单位。SSJ-100飞机是一款采用后掠翼气动布局、双发动机的喷气式支线飞机，可容纳87~108名乘客，满载航程为3 048公里，最大航程为4 578公里。SSJ-100飞机于2008年首飞，2011年获得俄罗斯民航部门颁发的适航证，同年交付首架客机给亚美尼亚航空。截至2022年，SSJ-100飞机已经交付了202架。

三菱重工是日本最大的民用飞机制造商之一，其在2008年启动了三菱喷气式支线客机（SpaceJet）项目，这是日本在20世纪70年代搁置支线客机研发后首次重返商业飞行行业。SpaceJet支线客机原名为 MRJ 支线客机，采用双发动机、单通道，设计座位不超过 100 个，主要面向中短途航空客运市场，2015 年完成首飞，共有两个型号，即 M90 和 M100，分别可容纳 88 名和 65～88 名乘客。然而，SpaceJet 支线客机项目的落地遭遇了重重阻碍，由于技术问题、审核延迟和市场需求不足等问题，2023 年该项目最终被三菱重工宣布终止，这意味着日本的国产喷气式支线客机梦想暂时破灭。

综上所述，支线客机技术发展不断满足市场对于更大容量、更高效率、更高舒适度的需求。另外，从最初的活塞式发动机到后来的喷气式发动机，支线客机技术发展不断降低油耗、噪声和排放量，提高了环保性能。但是，支线客机技术发展也面临着一些挑战和困难。一方面是市场竞争日益激烈。随着波音和空客等大型民用飞机制造商进入支线客机领域，中国、俄罗斯等新兴国家推出自主研制的支线客机产品，原有的支线客机制造商面临着巨大的市场压力。另一方面是技术创新日益困难。随着支线客机技术水平趋于成熟和饱和，实现技术突破和创新的难度也不断加大。

中国支线客机奋起直追

1994 年在国务院拨款 100 亿元的支持下，中国航天工业总公司和空客达成了共同生产 100 座级 AE-100 飞机的协议。在当时，100 座级飞机是民航飞机中的一个真空地带，还没有完全形成垄断局面。因此，在中国市场迟迟打不开局面的空客在此时表示，愿意为中国市场量身打造一款全新飞机，并由中国制造组装。在中国兴高采烈地与空客签署协议并从空客采购了 30 架 A320 系列飞机后，形势急转直下：空客先是提出了超过 10 亿美元的技术转让费，之后又不愿提供所报价的技术转让具体项目内容，致使谈判无法进入实质性操作阶段。与此同时，中国民用航空总局（简称民航总局）作为我国民用航空产品审定方，认为相较于 140 座左右的波音 737 飞机，100 座级的 AE-100 飞机载客量太小，运营单位成本过高，因此根本不愿意采购。而如果这款为中国市场量身打造的客机最后连中国自己都不肯买，出口亚洲其他地区的希望就更加渺茫了。不仅如此，当民航总局对 100 座级飞机看衰时，还没"捂热"的合同也随即终止，因为空客看到了支线客机的市场，转而宣布要研制自己的支线客机。最终 AE-100 飞机连样机也未造出，100 亿元的拨款在花掉一部分后被国家收回。

整个 20 世纪 90 年代，因为造不出大飞机，中国经历了太多苦涩与无奈，由此也推动人们放下争议、凝聚共识。从 1998 年 3 月起，国防科工委组织了 20 多次研讨会，邀请国务院各有关部委、地方政府与航空工业界的各个院所，一起商讨大飞机的发展战略。经过一年多的激烈讨论、13 次易稿，1999 年《关于我国民用飞机发展思路的报告》终于形成。整个报告突出的重点是：先发展新型支线客机，最终目标是中国能够生产出在国际上处于先进水平的商用飞机，形成具有竞争力的民机产业。

在此背景下，ARJ21 应运而生。ARJ21 作为中国研制的中短程新型涡扇支线客机，同时也是我国民用客机历史上第一款按照国际适航标准完全自主设计制造、具有自主知识产权的支线客机，从2002年4月立项到2014年12月取得中国民用航空局（简称中国民航局）型号合格证，再到2015年11月正式交付航空公司运营，历经13余年之久。截至2022年7月，ARJ21已交付68架，开通263条航线，通航110座城市，安全运行超过15万小时，安全载客量超500万人次[①]。可以说，ARJ21是中国首次走完从立项到取证交付再到投入市场进行商业运营的全过程的商用客机，由此初步构建出自主可控的产业链体系，成功探索出一条中国商用客机面向商业运营的技术追赶之路。

支线客机ARJ21历时13余年的艰难的技术追赶显示了商用客机的研制是高度复杂的系统工程。根据商用客机研制流程，其技术追赶可分为总体设计、制造总装、适航取证三大环节。

3. 总体设计瞄准正向开发

飞机总体设计是对产品达成目标的全局设计，依据重要的任务参数（如载客量、航程等）确定飞机机型以及技术指标的过程，包括

[①] 贾远琨. 国产ARJ21新支线飞机安全载客突破500万人次.（2022-07-12）[2023-07-14]. http://www.news.cn/politics/2022/07/12/c_1128825241.htm.

总体方案、技术设计与详细设计三个环节。总体设计对于商用客机技术追赶的重要性体现在以下两点：首先，对商用客机而言，新型号飞机的总体设计决定了整架飞机全寿命成本的95%，以及研制风险的80%；其次，后发国家企业只有自主掌握飞机的总体设计，才能拥有完整的自主知识产权，包括创意所有权、构架控制权、供应商选择权、工作分工权、交付唯一权。总体设计思想以及重要性可追溯到"两弹一星"的实践活动，钱学森曾总结道，对于极其复杂的研究对象，关键要追求总体设计的合理性，以总体设计负责对各个分系统的技术协同，充分利用已有资源，提升改造现有的工业技术。

正向开发难在哪里

尽管业界已经充分认识到商用客机总体设计作为技术追赶起点的重要性，但对初进入商用客机领域的后发国家企业而言，在技术被封锁的前提下，以总体设计为技术突破点，意味着中国商用客机的技术追赶不得不从最难的环节即"正向开发"开始起步。

正向开发是指从用户需求出发确立顶层设计要求，自上而下地分解、细化复杂产品（系统）功能，确定产品功能结构、子系统和零部件解决方案，并可批量生产。对于复杂的商用客机项目而言，如何确定用户需求？如何依据用户需求进行产品项目顶层设计？如何自上而下对复杂产品进行分解，细化其功能结构，提出子系统和零部件解决方案？可以说，正向开发的每一个环节对后发国家企业而言都是从零开始,都是严峻的挑战。因此,许多后发国家企业往往选择另一类技术创新模式——逆向开发,即对成品进行拆解、测绘、仿制、再生产制造等。我国制造企业的技术追赶大抵如此,如20世纪80年代的家电、汽车产品在全套引进了西方成熟产品生产线与技术的基础上,再实施逆向开发,创建品牌,从而实现了全球价值链攀升。相应地,理论上也涌现出霍布迪(Hobday)的"OEM—ODM—OBM"模型、金麟洙的"引进—消化—提高"模型等经典的逆向开发路径。当然也有极少数优秀企业通过逆向开发积累技术资源,再步入正向开发。

观察全球高端装备制造业,运用正向开发作为复杂产品技术追赶起点的成功案例极为罕见,即使千辛万苦正向开发出了原型产品,但因其外观、产品性能缺乏市场竞争力而被淘汰的案例比比皆是。由于商用客机整体的复杂性,总体设计难以通过逆向开发的拆解、分解而"还原"其过程。同时,中国商用客机在起步阶段,不仅不能学习高铁的技术赶超模式——在技术引进学习的基础上进行正向开发,还要面对西方技术封锁、遏制甚至打压。为设计一款从定义用户需求到研制协同的中国商用客机,仅总体设计这个环节就经历了长达6年的摸索与"挣扎"。

坚持正向总体设计

正向总体设计是后发国家企业技术追赶从模仿走向自主创新的

关键能力，需要从用户需求出发确立顶层设计要求，并最终形成稳定运行的商业化产品，而这对缺乏相关经验的后发国家而言无疑是巨大挑战。商用客机领域有一种观点："在纸上画一架符合空气动力学原理的飞机并不难，难的是从用户的角度、从市场需求出发研制一架符合空气动力学原理的飞机。"从用户需求出发定义产品，对消费类的新产品研制而言属于人人皆知的常识。就航空产业而言，定义用户需要的商用客机，最基本要求是安全性。在国际上，商用客机安全性最低标准为 10^{-9} [①]。如何正向设计、研制并证明新型号飞机安全性符合 10^{-9} 标准？这一难题，不仅是我国在商用航空领域想取得商业成功却始终难以实现的原因，也体现了我国要成为航空强国的现实距离。事实上 ARJ21 项目立项后多次推迟交付，很大程度上是为了进行各类试验，反复验证其安全性。

此外，商用客机总体设计需要兼顾安全性、经济性、舒适性与环保性，打造一款"飞行员愿意飞、乘客愿意坐、航空公司愿意买"的飞机。为此，负责 ARJ21 项目的总体设计人员通过调研各大航空公司，第一次尝试从客户需求出发选择机型，形成产品概念。客户普遍认为 70~90 座级的支线客机才可能在运营中获利。总体设计人员将支线客机在同类飞机中的竞争优势确定为以下几点。（1）西部适应性：它能够在高原实现不减载飞行，而其他进口支线客机在高原飞行就必须减载。（2）先进性：飞机巡航升阻比相对竞争机提

---

① 10^{-9} 代表飞机在每飞行 1 小时内由系统发生故障造成飞机灾难性事件的平均概率是十亿分之一。

高5%，采用超临界机翼等先进技术。（3）舒适性：它的客舱宽度为3.143米，比同类CRJ[①]支线客机与ERJ[②]支线客机要宽0.4米。（4）经济性：它的直接使用成本比同类产品低8%～10%。

依据客户需求确定上述新机型后，商用客机的总体设计将依据产品概念进行飞机气动布局与结构强度的设计，向上游供应商描述将制造什么样的飞机，通过确定技术参数要求它们提供符合设计标准的零部件。该阶段的正向设计面临的最大的挑战有以下两点：一是总体设计人才的匮乏。由于运十飞机项目被搁置，国内已经多年没有民机型号研制任务，商用客机设计人才流失严重。相较而言，波音公司启动新款飞机737MAX型号总体设计之初，可从全球选拔的近1 900名技术专家中组建设计团队[③]。而ARJ21项目总体设计启动之初，主要从上海飞机设计研究所（简称上飞所）与西安飞机设计研究所（简称西飞所）借调设计人员。进入技术参数确定的详细设计环节，设计人员缺乏的问题更加突出。中国航空工业第一集团公司[④]（简称中航一集团）牵头将上飞所与西飞所整合为第一飞机设计研究院，并从集团内部召集更多的设计人员支援ARJ21项目。由此，设计人才匮乏的问题才得以部分缓解。二是总体设计的主体之间沟通不畅。首先，两地的设计

---

① CRJ是庞巴迪公司研制的民用喷气式支线飞机。
② ERJ（Embraer Regional Jet）是巴西航空工业公司研制的民用喷气式支线飞机。
③ 数据来源于波音官网。
④ 公司成立于1999年，前身是1951年4月成立的航空工业管理委员会，2008年11月6日与中国航空工业第二集团公司重组整合成中国航空工业集团有限公司（简称中航工业）。

师关于该型号飞机的设计理念存在差异。西飞所的设计师重视技术的先进性，而上飞所的设计师关注研制的成本优势，并且双方都希望主导飞机的总体设计方案。其次，第一飞机设计研究院成立初期，分隔两地的工程技术人员之间技术数据传递并不通畅，其技术管理状态与ARJ21项目的重要性不匹配。此外，双方都是初次依据国际适航标准正向设计一款新型支线客机，普遍缺乏经验与技术储备。而商用客机的正向总体设计定位恰恰又需要设计师懂得均衡技术、市场、成本与进度之间的关系，具备将各个单体技术（产品）集成为最终产品的能力。在这种情况下，该型号飞机开始陷入设计进度缓慢、成本增加等困境，突出表现为与供应商的联合定义技术参数工作，原本按照国际惯例只要半年到一年时间完成，而该型号飞机却用了两年零八个月的时间。

为打造目标一致的设计主体团队，2005年8月，中航一集团首次为该型号飞机专门下发文件《关于加强新支线飞机项目研制工作的党组决定》。针对存在分歧的观念问题，集团高层要求两个"一"：一个目标，在规定时间内研制出用户可接受的新支线客机；一个团队，飞机制造商、第一飞机设计研究院、各研制厂所与集团总部要组成步调一致的团队。同时集团聘请著名飞机设计大师顾诵芬[①]担任首席专家，要求相关单位的最高领导亲自主抓，为解决具体技术问题提供足够的资源。中航一集团还大力推进虚拟产品开发管理系统，

---

① 顾诵芬，中国科学院院士、中国工程院院士、歼-8飞机的总设计师，获2020年度国家最高科学技术奖。

使得两地的设计人员不仅能够实时共享数据，还可以通过电子样机来处理设计上出现的各种协调问题。年轻设计师团队逐渐领悟到，"飞机设计是不断渐进优化的过程，不要着急冻结设计方案，要通过工程实践与合理的选择妥协，不断追求更成熟的方案"。

从2001年中航一集团申请立项到2006年总体设计工作全部完成，虽然过程充满了艰辛与曲折，但该型号飞机是中国首次按照国际适航标准、自主正向设计的新型支线客机，标志着中国飞机制造商的身份从航空零部件供应商变为主制造商。

4. 制造总装探索最佳均衡

在完成总体设计之后，支线客机就开始进行制造总装。产品是实现技术追赶的载体，制造总装则是将产品从纸面变成实体的关键。而后发国家企业常常面临核心零部件技术短期内难以攻克，同时整机开发时间相对紧缺的压力。因此，对于后发国家企业而言，如何基于自身的资源能力，采取适配的模式高效完成制造总装，是实现技术追赶的重要环节。尤其是商用客机不仅单个零部件的制造技术难度大，其系统集成的零部件更是高达数百万个。飞机的零部件按照整体功能可以分成系统件与结构件两类。系统件是为了完成各种任务而安装的设备与系统的总称，是飞机的神经，决定着飞机技术的先进性与安全性，主要有航电、飞控、发动机等九大系统；结构件是飞机机体骨架的重要构成，代表飞机的身材与颜值，关系着飞机的基本外形，主要由机身、机翼、尾翼三部分构成。

对于支线客机的主制造商而言，要把如此众多复杂的结构件与系统件制造出来，并总装成一架客机，无疑是严峻的挑战。尤为关键的是对于以发动机等为代表的关键系统件技术，国内供应商尚不具有配套能力。一般而言，集成商对所需要的配套零部件有两种解决方式，即国内配套企业自主研制，同步发展关键零部件的配套能力，或者寻找国外成熟优质的供应商，并购买其关键零部件。若采用第一种方式，对第一款商用客机项目而言，技术与商业风险太高。一款新型号商用客机研制成功的标志不仅仅是技术先进性，更在于其与同类机型相比，具有飞行效率更高、成本更低的商业竞争优势。于当时中国航空工业的薄弱基础而言，如果发动机、航电系统等核心系统件采取完全自主研制模式的话，不仅技术风险大，也难以确保该型号飞机具备商业竞争力，甚至飞上蓝天的梦想都会变得遥遥无期。而如果采用第二种方式，即采购国际供应商的成套系统件，虽然减少了研制的技术风险，但对整机系统集成商而言，就不能掌握或理解关键系统件的研制过程，进而有可能失去对各系统升级的主动权。

可见解决商用客机关键零部件配套能力不足的问题，既涉及集成商技术创新等复杂的内部管理活动，又涉及全球航空供应链的复杂管理环境。因此，如何通过管理模式的创新，实现该阶段研制进度、成本与性能之间的最佳均衡，是制造总装环节的关键复杂性问题。

为解决上述复杂性问题，中国支线客机项目首次采取主制造商-供应商模式（简称主供模式），即中国作为主制造商负责整机的总体设计与系统集成，拥有全球供应商的选择权与工作分配权。当时的中国不仅要在研制经验与技术储备不足的约束下推出一款具有市场竞争力的新客机，还要提升中国民航工业的配套能力。因此，ARJ21项目采用的主供模式必然与西方的主供模式不同，蕴含着独特的内容，主要体现在以下两方面。

首先是选择国际供应商的独特标准。ARJ21项目以"风险合作伙伴"为标准选择了19家国际供应商。国际供应商按照"风险共担、利益共享、确保项目成功"的原则参与ARJ21项目的研制。中方吸取了曾经与波音、空客公司多次谈技术合作无果而终的惨痛教训，决定以波音、空客公司的供应商为合作方，结成利益与风险共担的"风险合作伙伴关系"，共同保证ARJ21项目成功，进而通过ARJ21项目逐步建立包括技术研制、产品支援与客户服务环节的完整民航产业体系。商用客机的新产品开发不能追求单一的技术先进性，而是综合考量产品成熟度、市场需求与客户资源等多维度指标，从技术与市场两方面选择国际供应商作为"风险合作伙伴"，共同开发关键零部件系统，这也是中国民航工业发展理念的重大突破。

其次是联合定义关键零部件与系统集成。如同主制造商要掌握整机的总体设计与集成环节一样，中方对于与国际供应商合作研制的系统件，也不是简单地"一买了之"，而是通过ARJ21项目培育和掌控系统件的联合定义与系统集成的能力。具体来说，中方提出系统设计要求与技术指标，再与国外供应商进行联合定义，然后由国外供应商进行产品研制，中方对整个过程进行监控、评审、审批与适航审定，最后由中方完成飞机的系统集成。以飞机的"神经中枢"航电系统开发为例，虽然依据总体设计目标，在综合先进性与经济性的基础上，中方选择了美国罗克韦尔柯林斯（Rockwell Collins）公司为供应商，但航电系统的功能验证、航电系统与非航电系统的交互联结则由国内供应商承担。这既有利于主制造商获得更高的主动权与对ARJ21项目的掌控力，也有利于后续的系统创新设计与升级换代。

综上，ARJ21项目首次采用独特的中国成长型主供模式，解决了商用支线客机制造总装阶段国内关键零部件配套能力不足的关键难题，有效地"降解"了新型号飞机技术追赶的高度复杂性，从而实现进度、成本与性能均衡的高起点追赶。

5. 适航取证建立安全标准

后发国家企业商用客机技术追赶成功的标志是其开发的型号飞机顺利进入市场，并在市场竞争中占有一席之地。产品只有进入市场，才能获得技术迭代的机会，相关企业也才能有财务资源进行持续技术研发，因此适航取证成为商用客机技术追赶的重要目标之一。对于面向大众消费市场的一般产品（如手机、家电等）而言，企业研制出新产品，只要符合国家标准，就能直接参与市场竞争，基于用户反馈进行技术迭代升级。但对于商用客机而言，新产品研制之后，必须通过严苛的试飞环节，以获得当地民航局的适航证，才能获准进入市场运营。适航取证的技术标准属于商用航空的底层技术，被美国民航管理机构 FAA 与欧洲民航管理机构欧洲航空安全局（European Union Aviation Safety Agency，EASA）所掌控。新型号飞机要取得商业成功，获得适航证是当时最大的挑战[1]。ARJ21 在交付客户之前，必须通过一系列严苛的试验与试飞的验证，经过中国民航局的适航审定，从而获得适航证，以证明飞机符合相关适航标准，这个过程就是适航取证。如果把适航取证看成一场考试，那么携产品 ARJ21 的中国商飞是考生，中国民航局是考官，考卷是适航标准[2]，成绩单就是适航证。

适航取证是当地民航局基于维护公众利益、维护公众安全立法的需要，审定商用客机是否符合安全标准、能否进入市场运营的过程。其核心是通过第三方"验证"飞机是否安全。那么什么是民航客机的安全标准呢？业内公认的安全性密码是 10^{-9}。假设某人一周

---

[1] 2021 年 12 月 11 日，中国航空学会理事长林左鸣接受本章作者访谈时提及该观点。

[2] ARJ21 适航取证所依据的适航标准是中国民用航空规章第 25 部《运输类飞机适航标准》（CCAR-25）。

往返北京与上海一次，民航客机适航的最低标准 10^{-9} 代表 2 000 年发生一次事故，目前国际民机设计实际能做到 6 000 年才发生一次事故[①]。可见，商用客机的适航证是一种要求极高的技术标准。此外，通过了中国民航局的考试仅仅意味着 ARJ21 能够投入国内市场，要想打开国际航空市场的大门，还需要取得 FAA 的认可。为此，在"考试"期间，FAA 作为外请考官，不仅对原有"考卷"进行了多次升级，还提出了一系列更先进也更加严苛的适航标准。同时中国民航局的审定能力及部分试验试飞科目都要接受 FAA 的"影子审查"[②]。

FAA 的"影子审查"瞄准的是代表国际一流水平的适航标准以及与之相匹配的卓越审定能力。"ARJ21 想要飞向世界就必须获得 FAA 的适航证，这是我们工业方的选择；而以 ARJ21 作为 FAA '影子审查'的载体，拓展中美适航双边，这是中国民航局的选择。"ARJ21 项目总指挥回忆说，"这意味着，无论是 ARJ21 还是中国民航局的适航审定能力都将在这个过程中接受挑战，我们都知道这必定是一个充满艰辛和痛苦的过程。"

现有研究认为，技术标准是受到技术先进性与市场选择等多种因素相互影响后被广泛接受的主导设计。不同国家或者企业之间的标准之争，其实质是不同技术轨道之间的主导权之争。有关后发者

[①] 该数据由中国商飞工程师在接受访谈时介绍。
[②] 根据美国的法律法规，在与中国签署中美双方民用航空双边合作协议之前，FAA 要派出人员对中国民航局的机构、体系、法律、规章、适航审定能力进行全面深入的评估。

如何突破或者获取技术标准的研究表明：后发者可以建立一套自己的技术标准，进一步获取主导权，如中国第三代移动通信标准TD-SCDMA的国际化之路；后发者也可以引进与模仿技术，"另辟蹊径"绕过先发者的技术标准，如局域网与DVD。然而上述结论难以指导中国商用客机获取适航证这一技术标准，因为适航证有其独特的复杂性。

适航证的"双重属性"

适航证作为一种严格的行业技术标准，客观上具有科学属性。适航取证确保飞机的设计、制造与运营严格按照公众所能接受的最低安全标准。适航条款不仅是人类工程智慧的结晶，也是前人用鲜血与生命换来的经验教训。民航从业者都熟悉这样一句话："地面上墓碑的数量决定着适航标准的建立。"人们在明晰每一起航空事故的原因之后，都会思考如何完善适航标准，以警示后来者勿再犯难以承受的错误。从这个角度说，适航条款是人类共享的宝贵知识，具有科学属性。但是，虽然各国的适航条款是公开的资料，然而对于没有参与适航标准制定的后发者而言，进行适航取证是宛如猜谜一般的艰难技术探索过程，因为要先弄明白标准制定者是如何构思与规定整套标准的技术与逻辑结构的。

同时，适航证还兼具壁垒属性，可能成为先发企业制约后发企业进入市场的"武器"。正如波音与空客是世界民航业的两大寡头企业，目前国际主流的适航证也由美国民航管理机构 FAA 与欧洲民航管理机构 EASA 所颁发。后发国家企业的商用客机如要进入欧美市场，就要获得相应机构颁发的适航证。然而适航取证条款背后的技术原理对于欧美而言属于核心机密，是不会轻易"授之以人"的。不可否认适航证背后关系着不同的国家集团利益，其本身就是技术壁垒的重要组成部分。正是壁垒属性的存在，决定了中国商用客机要获取国际适航证（由 FAA 或者 EASA 颁发）不会一帆风顺，因为中国的商用客机项目必将触动波音与空客的既有利益，绝不要低估欧美政商合谋扼杀中国民航工业的决心与手段[①]。

FAA 已有近百年的发展历史，其适航标准即 FAR-25 部已经成为世界的通用标准，波音、空客的商用客机设计、适航取证都依据这一标准。它们好比久经世界大赛的运动健儿，深谙其中之道。而彼时的中国商飞从未经历过适航取证，ARJ21 也是全新的型号飞机，它们就像初出茅庐的学童，还没在国内赛场上热身，也不熟悉比赛规则，就要与世界级选手在对方所熟悉的标准下同台竞技。更有甚者，还要承担起为当时全世界的飞机制造商探索最新的适航取证的经验，如时任上海飞机设计研究院适航部部长所说，"ARJ21 必须按照全世界最新的适航条款进行验证"。为达到如此重要的标准，究竟要如何设计飞机、如何验证飞机的失效状态，才能真正找到经济性与安全性的平衡，在 ARJ21 获得适航证之前，我国是不得而知的。

---

① 北京大学路风教授在接受《大国工程》一书的作者访谈时说。

显然，这一关乎飞机制造商核心竞争力与自主知识产权的"密码"，也是"要不来、买不来、讨不来"的。因此，从 ARJ21 设计研制、总装下线到交付国内市场，所有人都在做一件事——解开商用客机的安全性密码 10^{-9}。

可见，后发国家企业必须认识到适航证的"双重属性"，适航取证必然涉及技术、市场、企业与国家竞争博弈的复杂过程。

应对"双重属性"之科学属性的探索

我国对民机适航标准科学属性的探索与研究，始于 20 世纪 70 年代的运十飞机研制时期。1985 年 12 月，参照欧美的适航法规条款[①]，中国民航局正式颁布实施国内第一部适航标准即 CCAR-25。1989 年，中国民航局航空器适航司正式成立，旨在加强航空立法与适航审查工作。然而有了适航条款，不等于申请方或审定方就懂得如何去测试验证，更遑论具备系统性的民航客机适航审定能力。事实上，在项目启动之初，不仅主制造商对适航规章的研究与理解不足，民航总局也缺乏系统的适航审定支线客机的经验与能力。双方都是首次按照国际适航标准进行申请或审核，并且还要接受 FAA 的"影子审查"，因而商用客机的"冷启动"悖论更加突出。"冷启动"悖论是指后发企业在技术追赶初期，由于知识与经验存在巨大初始差距，难以有效吸收与

---

① 各国适航法规条款都可以通过公开渠道查询，不受知识产权限制。

利用先进技术,面临从无到有的"冷启动"难题。

为了确保ARJ21在设计之初就锚定先进的适航标准,中航商用飞机有限公司于2003年,即型号立项的第二年,就向民航总局提出了型号合格证申请。经过初评,民航总局受理了申请。这一重要节点正式揭开了ARJ21适航取证的大幕,也引起了大洋彼岸的FAA同行的浓厚兴趣。在民航总局召开的首次型号合格审定委员会会议上,FAA派出了资深观察员前来参会,以便了解中国运输类飞机适航工作的最新进展。在此次会议上,申请人(即中航商用飞机有限公司)和审定方(即民航总局)就ARJ21的审定基础进行了充分讨论。有专家提出,ARJ21采用了新颖和独特的设计,申请人和审定方应共同编制对应的专用标准才能满足适航要求,而不仅仅局限于当前的适航条款。这一要求体现了我国与国际适航标准和程序的一致性,也体现了ARJ21适航取证工作的高标准和严要求。最终,参会各方形成共识,共同确定了ARJ21的审定基础。

审定基础确定后,中航商用飞机有限公司适航管理部门花了近一年时间与民航总局和FAA共同协商符合性方法[①]的制定。最终三方达成一致,为FAA受理ARJ21的型号合格证申请奠定了基础,也显示出与国际接轨的不易。因为中航商用飞机有限公司彼时还是经验较少的新公司,研制的又是一款全新的飞机,民航总局与FAA共同确定的符合性方法相应会更加严格。例如,飞机的某一个部件已

---

① ARJ21为了表明对适航条款的符合性,所需完成的符合性验证任务及计划。

经在其他机型上成熟可靠地使用，运用在 ARJ21 上时只做了少量设计更改。如此行为，要是国外的其他公司，审定方可能只要求做一个提交对比和相似性分析报告来验证符合性即可，而中航商用飞机有限公司则可能需要根据 FAA 的要求，重新按照适航要求进行完整的鉴定工作。

为破解适航取证的"冷启动"悖论，申请方（主制造商）与审定方（民航总局）建立了针对适航取证的工作体系，在不断磨合中互相成就，各自提高取证与审定的能力。主制造商提出了"遵循适航规律、遵守适航标准、尊重局方意见"的三遵（尊）原则，整合内部资源成立民用飞机试飞中心，并投入 4 架试飞飞机进行累计 5 000 多小时的各类试飞试验。作为审定方的民航总局也克服困难，对于适航取证做了针对性的组织准备。当时国内任何一个地区管理局[①]都无法单独承担该型号合格审定工作。民航总局统筹协调，全面动员，从全国 7 个地区管理局和科研院所抽调适航专家，组建商用客机型号合格审定的"国家队"。顶峰时期这支队伍有 70 余名专家，一线适航审定人员高达 200 人，还建立了包括 4 名局方试飞员和 9 名局方试飞工程师的局方审定试飞专业团队，形成了一支"专职、专业、专家"的适航审定队伍。可以说，主制造商与民航总局都为学习适航取证的科学属性和攻克"冷启动"难题付出了长期不懈的艰苦努力。

---

① 民航总局按地区划分，在全国设立了 7 个地区管理局。

应对"双重属性"之壁垒属性的突破

当安全性设计有了目标,即 10^{-9},飞机设计师在实现这个目标过程中,需要科学合理地运用得到适航当局(即 FAA 和民航总局)认可的工程设计流程和方法。

"这些流程与方法包括局方颁布的咨询通告、国际通用设计标准、专门针对飞机机载软件和硬件的专用设计标准以及针对各种环境的试验标准等,"ARJ21 试飞副总设计师介绍说,"总之,在 ARJ21 的安全性设计中,这些标准必须得到严格的贯彻与执行,而且过程始终在局方的监控之下。要知道,所有的这些标准与波音和空客公司的飞机所使用的标准是一样的。"

然而,波音、空客作为标准制定的参与者和航空技术的先发者,不仅知道如何研制出兼顾先进性、经济性与安全性的飞机以达到既定标准,也更了解怎样的验证流程可以合理地得到审定当局的认可。反观中国,虽然 1985 年中国民航局颁布了中国的相应适航规章 CCAR-25 且多次修订,但如 2012 年中国民航局适航审定部门人员所说:"我国在制定适航标准的话语权方面,更多的是采用'跟随'战略,只能借鉴国外先进适航标准来帮助制定和修订我国的适航标准,在技术上无法掌握话语权。"

不仅如此,在 ARJ21 研制期间,随着 FAA 与中国民航局陆续出台一系列新的适航条款和修正案以保证安全性,中国商飞需要花更长的时间、更多的成本来应对更多的挑战。因为在这个过程中,如何验证新的条款，或许波音和空客公司拥有技术储备，但是国内没有现成的验证方法可以借鉴，这就是商用航空领域所谓的技术门槛与壁垒，也是我国工业化水平与先发国家的差距。同时这一过程也是对中国民航局适航审定能力的挑战，时任中国商飞董事长金壮龙做了一个非常形象的比喻："ARJ21项目就相当于是一辆发出了的列车，以疾驰的速度在向前飞奔，但其实沿途的各个车站还没有建立，甚至连铁轨还没有铺好。虽然组建了审定团队和制造公司，但是相关的体系都还没有建立起来。"

面对适航证的壁垒属性，该型号飞机设计师并没有机械照搬FAA等机构的所有观点和建议，而是针对自身情况，坚持通过思考以掌握适航取证的规律，具体表现为加强了对适航条款的工程验证。以溅水试验为例，该试验目标是在临界速度下，即在飞机轮胎产生对发动机最大喷水量的速度下来检验发动机是否能保持正常工作。波音公司进行该试验，往往是在速度较慢的状态下进行6~8个点的测试，FAA可以通过以往的工程数据认可公司对于临界状态的判断。然而该型号飞机设计师却常常面临缺乏工程数据积累带来的挑战，为此总共规划了11个取证试验点。飞机的速度要从每小时90多公里一直增加到每小时260公里，以达到验证条款的目的。参与试验的人都知道，每多增一个试验点，多提升一次速度，不仅意味着试验时间与成本的增加，还可能面临不可预知的风险。然而正如参与工程师说的，很多时候，该型号飞机不仅是为了取证而做某个试验，而是考虑到中国民航工业的技术发展，需要靠自己的工程一点一滴地积累航空工业基础。

2009年7月15日，ARJ21第一架机经过两个多小时1 300公里的长途飞行，抵达西安阎良中国飞行试验研究院（即试飞院）。试飞员赵鹏报告：飞机各项性能指标正常，圆满完成转场飞行任务。这标志着ARJ21实现首次城际飞行，进入适航取证试飞阶段。试飞验证被称为"刀尖上的舞蹈"，目的是要找出飞机在特殊条件或状态下的性能极限，确定安全飞行的"红线"。其中的试飞项目，如失速、最小离地速度等高风险科目试飞，稍有不慎，后果不堪设想。试飞员深知这一点，"其实这些危险的科目都是在找边界，可能正常的民航的飞行员一辈子都不会碰到，但是在我们试飞过程中就有成百上千次要去碰到那个边界，所以难和危险就在这个地方"。

但正所谓"无限风光在险峰"，ARJ21只有通过试飞验证暴露出问题，并加以解决和不断完善，才能成为拥抱市场的合格、安全的飞机。正如时任中国商飞支线项目部副部长所说："所有我们之前忽视的细节、所有错误的决策、所有我们未知的探索以及所有被遮蔽的问题，都从这一刻开始显现，需要我们彻底地去解决。而所有研制中的矛盾、观念上的冲突与路线图乃至技术细节的争议也都集中在这一时期，这是一场真正的来自云端上的挑战。"

自此以后，2010年至2014年，祖国的天南海北都留下了ARJ21的身影。据统计，共有4架试飞飞机和2架强度试验机投入试验，完成了空速校准、颤振、失速、最小离地速度、最小操纵速度等一系列高难度试飞科目，赴海拉尔、嘉峪关、乌鲁木齐、三亚等地进行高寒、大侧风、自然结冰、高温高湿等特殊气象条件下的专项试飞，完成了研发试飞和部分符合性验证试飞。从严寒到酷暑，中国民航局的型号合格审查组成员与中国商飞的试飞员们始终"如影随形"，共同见证了 ARJ21 累计安全开展飞行试验超过 4 000 小时、2 000 多架次。

其中，自然结冰试验和颤振试飞试验是最为艰险的。

自然结冰试验：历时 4 年"等冰来"

为保证飞机在结冰条件下安全可控，自然结冰试飞成为飞机适航取证中的关键科目。几乎所有的飞机制造商都将自然结冰试飞看作一项"艰难的试验"，因为试验本身对气象条件有着极为严格甚至苛刻的规定与限制，在很大程度上试验的完成更依赖于大自然的眷顾。

同样的试飞，巴西航空工业公司 ERJ-190 飞机仅用了 7 天时间，美国波音 777 飞机也只用了 17 个月的时间，而 ARJ21 用了 4 年的时间……究其原因，是试飞团队很难在中国"等"到满足适航条款的极其罕见的极端气象条件。事实上这一条件是 FAA 针对北美地区结冰气象云层统计后所得数据所制定出来的，意味着申请方必须找到一个飞翔着的"空中湖泊"[①] 才能完成试验。

---

① 这是一种自然结冰条件，要求：连续最大结冰试验时液态水含量在每立方米 0~0.8 克，水滴直径在 15~40 微米；间断最大结冰试验时液态水含量在每立方米 0~3.0 克，水滴直径在 15~50 微米。尤其是后者，更属于极其罕见的极端气象条件。

为此试飞团队在乌鲁木齐苦寻了4年。2011年，他们在乌鲁木齐苦守了27天，一个结冰气象条件都没有等到。但这并不意味着他们"无事可做"，相反，就像演出前的最后排练，所有工程人员都在细化试验的每一个环节、每一项处置预案。飞机设计师回忆说："我们在飞机结冰设计方面的研究已经进行了8年，所有人都在等一个合适的气候条件。"为此业内人士调侃他们为"守株待兔"。

然而国内"昙花一现"的气候条件还是难以完成所有验证。"ARJ21不得不选择到自然结冰条款判据的诞生地进行自然结冰试飞。"时任中国商飞适航管理部部长说，"虽然试验的结果将直接影响ARJ21进入市场的时间表，但我们不想为此申请临时豁免，因为这是个与公共航空安全紧密相关的试验。"

最终，2014年4月8日（温莎当地时间），ARJ21横穿加拿大五大湖区域成功捕捉到了合适的气象条件，经过环球飞行为历时4年的自然结冰试飞画上了圆满的句号。在此之前，中国在商用飞机结/防冰领域的研究从来没有走得如此深远。

颤振试飞：工程是适当的妥协，更是基于技术自信的坚持

颤振于飞机而言，好比地震之于房屋，是飞机结构最危险的振动形式。飞机一旦发生颤振，会在极短的时间内造成机毁人亡。因此它代表着飞机的右边界速度，是一切试飞科目的基石。也正因为其高风险性，所以颤振试飞成为中国商飞与中国民航局并行的试飞科目，这也是 FAA 开展"影子审查"的第一个试飞科目。

事实上，试飞大纲于 2011 年 4 月 12 日就获得了中国民航局的批准。但是就在要进行地面试验的当天，中国商飞突然收到中国民航局转发的 FAA 提出的数十个问题，其中不仅包括颤振试飞的试验点选取、测试设备校准、飞机构型状态、飞控航电模式控制等问题，还包括试飞程序管理以及中国民航局审查的情况。

"影子审查"下的三方僵持

时任上海飞机设计研究院强度部部长对当时的情况记得非常清楚："如果我们对问题的答复不能得到中国民航局和 FAA 的认可，那么中国民航局将不同意颤振试飞的进行，并将推迟 FAA '影子审查'的时间表，所以当时的形势很紧张，也为原本顺利开始颤振试飞蒙上了一层阴影……"

虽然针对颤振试飞的方法问题提得非常尖锐，但对于从未与 FAA 进行过直接交流的申请方，更大的困难在于：他们不知道 FAA 想了解什么，需要从哪个角度回答才能给出令 FAA 满意的答案。特别是其中有很多问题是具有争议性的，申请方并不认为完全接受 FAA 的建议就是最好的解决方案。如试飞院 ARJ21 项目颤振试飞技术负责人所说："要知道，工程的魅力就在于用最有效的方法解决最棘手的问题。"

或许是出于谨慎的态度，或许是出于对顺利通过 FAA "影子审查"评估的考虑，中国民航局当时希望申请方能够接受 FAA 的建议修改试飞大纲。然而，如果此时申请方缺少信心，中国民航局略显保守，而 FAA 又表现得很强势，那么这个科目的审定很有可能僵持不下。

"尝试沟通"下的妥协与坚持

为此申请方用了很长时间去说服中国民航局同意他们直接与 FAA 召开电话会议进行技术沟通。但很多时候，沟通比解决一个具体的技术问题更要消耗精力。

当时的问题主要集中在三方面：其一，FAA 认为我国试飞大纲中仅设置两个试飞高度不足以覆盖整个 ARJ21 的飞行包线，因此建议增加 10 千米高度、共设置四个试飞高度。其二，FAA 认为 ARJ21 可能存在襟翼颤振和小翼颤振的情况，需要在襟翼和小翼上加装振动传感器。这就好比一所房屋按照建筑标准建造出来后，还未经历地震，但被质疑房屋的局部结构如房梁、门框经不起地震检验，因此质疑者建议对这些局部位置进行改装和监测，而改装和监测无疑会影响房屋的整体设计、增加建造的工作量。事实上申请方依据 ARJ21 的颤振特性，已推断、论证出不可能存在上述情况，因此认为不需要加装振动传感器。但显然 FAA 并不认同这一观点。其三，FAA 提出在颤振试飞中模拟故障状态。

针对前两个问题，为了尽快推进颤振试飞的进展，申请方不得不都做了妥协与让步，而实际的颤振试飞数据也证明了申请方的判断是正确的，的确不会出现 FAA 所提出的问题。但针对第三个问题，申请方则再也不能做出妥协。

"我们在理论分析和模型试验中已经充分考虑了 ARJ21 各种故障状态下的颤振特性，要知道，颤振试飞是国家 I 类风险试飞科目，在试飞中再模拟故障状态是在风险上再叠加风险，这是极不现实的！"技术人员介绍说，"据我们所知，即使是波音和空客公司也绝对没有在颤振试飞中模拟故障状态的先例。"

为此当时很多技术人员不禁追问：FAA 提出这样的建议究竟是要验证哪些问题？最后，FAA 的审查代表表示：提出这些问题只是与申请人进行技术层面的讨论而已。由此可见，在某些新的或高难度高风险的适航条款以及修正案上，FAA 也需要积累试验数据和审定经验。但是对于 ARJ21 这样的新飞机来说，任何一项试验与试飞的增加都是成本的付出与风险的叠加。因此，即使是在最新的适航标准面前，我国也要秉持着专业技术上的自信，积极争取话语权，而不能一味地妥协与让步。通过该型号飞机适航取证的探索过程，大家逐渐认识到获取国际适航证是提升中国民航安全运营能力的手段之一，而非最终目的。考虑到欧美适航证背后大国博弈的不确定性，以及新技术只有进入市场才有机会获得持续研制所需要的财务资源，才能获得宝贵的迭代创新机会，中国民航局对该型号飞机进行系列严格的试飞验证之后，颁发了国内适航证，让其先在国内市场运营，不断积累经验与能力。相信随着中国民航制造整体技术与市场能力的提升，获取 FAA 或者 EASA 颁发的适航证只是时间问题。

总之，适航取证阶段，在中国民航局的审核以及 FAA 的"影子审查"下，该型号飞机一共完成了 300 项地面试验科目、528 个验证试飞科目，累计试飞 2 942 架次后，关闭 398 个适航条款[①]。终于在 2014 年 12 月 30 日，中国民航局颁发了型号合格证。这意味着中国新型号商用客机的整体技术安全性获得了权威认可，同时也标志着中国民航局具备了按照国际通用标准进行适航审定的能力。

6. 技术追赶的复杂特殊性与理论模式

商用支线客机的后发技术追赶是一项涉及众多主体与多元目标的复杂系统工程，既要面对商用客机作为复杂产品本身所具有的技术难题，又要应对民用航空领域适航取证标准的独特挑战。本章基于复杂系统管理视角，从商用客机研制的总体设计、制造总装与适航取证三个环节分解其复杂完整性，提炼其技术追赶活动的关键矛盾以及破解方式。基于此，本章归纳中国支线客机实现面向商业运营的技术追赶的实践逻辑与理论延伸如下。

---

① 访谈时获取的数据。

技术追赶实践逻辑

研制一款由数百万个零部件构成，覆盖了机械、电子、材料等几乎所有的工业门类的新型商用客机，对于任何国家而言，都是一项复杂的系统工程。本章发现商用客机的技术追赶，与一般产品或其他复杂产品的追赶不同，与先发企业的技术进步路径也不同，呈现出复杂的特殊性：

首先，商用客机研制需要初步构建商用客机技术创新体系，包括纵向功能链、横向产品链与创新参与主体。技术创新体系的纵向功能链是按照总体设计、制造总装、适航取证等功能进行价值创造的纵向分解，横向产品链是按照三大结构件、九大系统件与整机等不同产品部件进行的横向分工，创新参与主体包括主制造商、供应商、中国民航局与航空公司等。

其次，商用客机的技术追赶不仅面对技术封锁，而且必须在相对紧迫的时间内研制出有竞争力的新机型。而经验丰富的波音或空客，其研制新型号飞机是建立在原有产品技术基础上的再创新，是基于"技术原理突破—技术应用—工艺制造"过程，循序渐进取得技术进步，有宽裕的时间进行关键核心技术的更新、发展与转移。

最后，商用客机的市场特征具有全球市场的高度统一性，且被波音、空客双寡头垄断。后发国家企业取得适航证是实现技术商业化的关键一步，而国际适航证的颁发主要被欧美等极少数国家所控制。该型号飞机历经磨难终于完成了商业成功的第一步——获取国内适航证，有资格在中国的天空上载客飞翔。而与此型号飞机几乎同时立项的日本MRJ支线客机[①]，在2015年11月首飞之后，不仅没有拿到美欧的适航证，也没有一架飞机交付给客户运营，三菱重工最终于2023年宣告项目终结、失败。可见，航空工业基础实力雄厚又是美国盟国的日本都难以研制出能够交付客户运营的飞机，既证明商用客机技术追赶的难度，也表明对商用客机这类高端装备产品而言，技术与市场的较量背后始终存在国与国之间的博弈。

技术追赶理论延伸

本章运用复杂系统管理理论，构建了中国商用客机技术追赶模式（见图4-1）。现有文献总结的后发国家企业技术追赶两类经典模式尚难以完全解释中国商用支线客机的技术追赶模式。第一类模式认为引进、模仿是后发国家企业技术赶超的必要起点。这显然不适用于商用客机核心技术主要由少数发达经济体掌握，并竭力遏制后发国家企业相关技术发展的现实情境。第二类模式则认为后发国家企业可以抓住新兴技术的机会窗口，遵从从产品到工艺的正向路径实现跨越式追赶。然而商用客机并不属于新兴技术，相反其技术进步更加依赖于基础研究和已有经验的积累，即使在其某一局部技

[①] MRJ支线客机由日本三菱重工主导研制，于2004年首次公布设计方案，采用加拿大普惠公司的发动机。

术领域出现新的范式，后发国家企业的基础也难以支撑其实现跨越式追赶。可见探讨中国商用客机技术追赶模式的复杂问题，需要新的理论探索。

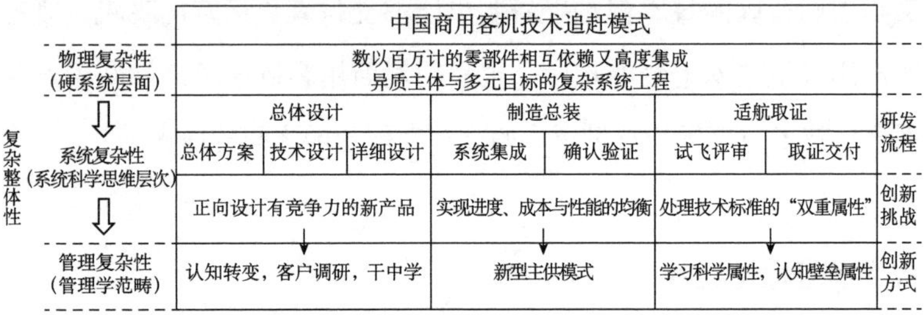

复杂整体性		中国商用客机技术追赶模式						
	物理复杂性 (硬系统层面)	数以百万计的零部件相互依赖又高度集成 异质主体与多元目标的复杂系统工程						研发流程
	⇩	总体设计			制造总装		适航取证	
	系统复杂性 (系统科学思维层次)	总体方案	技术设计	详细设计	系统集成	确认验证	试飞评审	取证交付	
	⇩	正向设计有竞争力的新产品			实现进度、成本与性能的均衡		处理技术标准的"双重属性"		创新挑战
	管理复杂性 (管理学范畴)	认知转变，客户调研，干中学			新型主供模式		学习科学属性，认知壁垒属性		创新方式

图 4-1 复杂系统管理视角下的中国商用客机技术追赶模式

注：笔者整理而成。

因此，本章遵循"物理复杂性—系统复杂性—管理复杂性"的复杂系统管理研究范式，探索后发国家企业作为主体，通过技术追赶，打破商用客机技术与市场均衡的过程。商用客机由数以百万计的零部件构成，各子系统又必须相互依赖、高度集成在相对狭窄的安装空间内，其研制涉及众多异质主体与多元目标，直观显现出商用客机技术追赶的物理复杂性。本章进一步还原、解构出研发流程的总体设计、制造总装与适航取证阶段的系统复杂性，具体而言，其系统复杂性表现为正向设计有竞争力的新产品，实现进度、成本与性能的均衡，处理技术标准的"双重属性"。中国后发企业通过管理创新应对上述系统复杂性的挑战：在总体设计创新方面，通过重视客户调研实现了民机研制的思维转变，借助组织动员能力解决了初期的人才匮乏问题，通过"干中学"不断提升设计能力；在制造总装创新方面，主制造商与国内外供应商构建新型的成长型主供模式，解决了制造总装阶段的复杂性问题；在适航取证创新方面，申请方与审定方形成针对适航取证的工作体系，通过加强工程验证等方式学习科学属性，认知壁垒属性。

第一，本章运用复杂系统思维，识别复杂产品技术追赶的特殊性，并以问题为导向，探讨技术追赶模式是高端装备制造业的关键要素，从而回应了学界关于应加强关注复杂产品技术追赶的独特挑战与追赶路径的呼吁。第二，本章总结了不同于一般产品的复杂产品技术追赶特征，并遵循"物理复杂性—系统复杂性—管理复杂性"的复杂系统管理研究范式，构建中国商用客机技术追赶模式。这些研究发现不仅有助于完善以往主要从某一具体局部问题如国际化、互补性资产、主供模式等探讨中国后发技术追赶的理论研究，还进一步回应了关于深化钱学森复杂系统管理学术思想、探索管理学理论时代化与本土化的呼吁，对于开拓复杂系统管理这一具有中国特色的管理学新领域也有积极推进作用。

本章研究内容对构建复杂技术创新体系具有重要的启示。随着全球政治、经济环境的深刻变化，后发国家企业如何抓住机会以实现对领先国家企业的赶超是实践中被全球普遍关注的重大难题。中国商用客机的未来发展更将面临严峻复杂的挑战，其中有三个方面最为关键。首先，要提升已交付型号飞机的量产效率。量产效率的提高意味着商用客机研制、制造、工艺与售后服务等一系列流程的优化完善，是商用客机迈向更加成熟与可靠的重要指标。其次，要加强关键核心零部件的国产配套能力。目前，中国尚未完全掌握以民用航空发动机为代表的某些关键零部件的核心技术，因此仍然需要加强基础科学研究与加速原创技术突破，同时要给予国产的新技术一定的政策支持，让其有成长的时空环境。最后，对于获取美国与欧洲颁发的适航证要保持清醒的认知，不断增强自身与国际航空巨头博弈的整体实力。如果确定暂时拿不到国际适航证，那对于符合中国民航局适航标准的国产客机，要坚决先在国内航线营运，绝不能让一个高端装备产品在进入市场应用之前就被扼杀了。要做到以上三点，中国依然需要复杂系统管理的思维，把握国内国际市场的双循环格局，持续推进中国商用客机技术创新体系追赶的行稳致远，不倒退，不停歇，不偏航。

参考文献

柏蓓. 中国民机适航取证的"探路者"：ARJ21-700 飞机适航取证工作侧记. 大飞机, 2012（2）.

曾德麟，欧阳桃花. 复杂产品后发技术追赶的主供模式案例研究. 科研管理, 2021, 42（11）.

耿汝光.大型复杂航空产品项目管理.北京：航空工业出版社，2012.

黄晗，张金隆，熊杰.赶超中机会窗口的研究动态与展望.管理评论，2020，32（5）.

江鸿，吕铁.政企能力共演化与复杂产品系统集成能力提升：中国高速列车产业技术追赶的纵向案例研究.管理世界，2019，35（5）.

李健.历程.北京：中国民航出版社有限公司，2020.

刘斌.逐梦蓝天：C919大型客机纪事.郑州：河南文艺出版社，2017.

刘济美.为了中国：中国首架新型支线客机研发纪实.北京：中国经济出版社，2009.

刘济美.一个国家的起飞：中国商用飞机的生死突围.北京：中信出版社，2016.

路风.冲破迷雾：揭开中国高铁技术进步之源.管理世界，2019，35（9）.

路风.走向自主创新：寻求中国力量的源泉.北京：中国人民大学出版社，2019.

路风.光变：一个企业及其工业史.北京：当代中国出版社，2016.

吕铁，江鸿.从逆向工程到正向设计：中国高铁对装备制造业技术追赶与自主创新的启示.经济管理，2017，39（10）.

彭新敏，刘电光，肖瑶.互补性资产对核心技术能力的动态作用机制：基于后发企业技术追赶过程的视角.管理评论，2021，33（2）.

钱学森，许国志，王寿云.组织管理的技术：系统工程.文汇报，1978-09-27（1）.

盛昭瀚，于景元.复杂系统管理：一个具有中国特色的管理学新领域.管理世界，2021，37（6）.

吴先明，高厚宾，邵福泽.当后发企业接近技术创新的前沿：国际化的"跳板作用".管理评论，2018，30（6）.

张文俊.ARJ21飞机适航取证试飞纪实.大飞机，2013（5）.

赵忆宁. 大国工程. 北京：中国人民大学出版社，2018.

赵越让，吴卜圣. ARJ21 飞机：为中国民机适航探路. 大飞机，2013
（5）.

ABERNATHY W J, UTTERBACK J M. Patterns of industrial innovation. Technology review, 1978, 80(7).

BRUSONI S, PRENCIPE A, PAVITT K. Knowledge specialization, organizational coupling, and the boundaries of the firm: why do firms know more than they make?. Administrative science quarterly, 2001, 46(4).

CORBIN J M, STRAUSS A. Grounded theory research: procedures, canons, and evaluative criteria. Qualitative sociology, 1990, 13(1).

EISENHARDT K M. Building theories from case study research. Academy of management review, 1989, 14(4).

GAO Xudong. A latecomer's strategy to promote a technology standard: the case of Datang and TD-SCDMA. Research policy, 2014, 43(3).

GIACHETTI C, PIRA S L. Catching up with the market leader: does it pay to rapidly imitate its innovations?. Research policy, 2022, 51(5).

GIOIA D A, CORLEY K G, HAMILTON A L. Seeking qualitative rigor in inductive research: notes on the Gioia methodology. Organizational research methods, 2013, 16(1).

HOBDAY M. Innovation in East Asia: the challenge to Japan. Cheltenham: Edward Elgar Publishing, 1995.

KIM L. Stages of development of industrial technology in a developing country: a model. Research policy, 1980, 9(3).

KLEIN H K, MYERS M D. A set of principles for conducting and evaluating interpretive field studies in information systems. MIS quarterly, 1999, 23(1).

LEE K, LIM C. Technological regimes, catching-up and leapfrogging: findings from the Korean industries. Research policy, 2001, 30(3).

MAHMOOD I P, RUFIN C. Government's dilemma: the role of government in imitation and innovation. Academy of management review, 2005, 30(2).

PAN S L, TAN B. Demystifying case research: a structured-pragmatic-situational (SPS) approach to conducting case studies. Information and organization, 2011, 21(3).

SUAREZ F F. Battles for technological dominance: an integrative framework. Research policy, 2004, 33(2).

WALSHAM G. Interpretive case studies in IS research: nature and method. European journal of information systems, 1995, 4(2).

第五章
干线客机：主供模式＊

商用客机①制造业是国家战略性高技术产业，是国民经济发展的重要引擎，对科学技术的发展具有极其重要的推动作用。2023年5月28日，随着东航MU9191航班由上海飞抵北京，国产大飞机C919的商业首飞圆满成功，国产大飞机C919正式走向全球民航市场。作为我国首次按照国际适航标准自行研制、具有自主知识产权

＊ 本章内容源自论文《中国商用客机后发技术追赶模式研究：复杂系统管理视角》，发表于《管理评论》2023年第6期，作者为欧阳桃花、曾德麟。
① 商用客机指的是在商业环境下进行人员和货物的运输的飞机，人们平时旅游坐的飞机、运快递的飞机都叫作商用客机。我国商用客机通过支线客机型号研制、窄体干线客机产业发展、宽体客机拓展形成全系列产品三部曲，构建了完整的研发体系和产品谱系，探索出了独具特色的商用客机发展路径。

的喷气式干线客机[①]，C919客机的一飞冲天标志着中国航空工业实现了历史性创新突破。众所周知，在此之前美国波音公司与欧洲空客公司几乎垄断了干线客机总体设计与制造技术及全球市场。"对高科技的航空工业来讲，先行者断掉后来者的路，已经成为一种规律。"[②]航空工业属于复杂产品系统，对于这类关键技术的研制，先行者会通过各种技术与非技术壁垒为后发者技术追赶竖起铜墙铁壁。有人或许会质疑：面对同样困境，为什么中国在20世纪60年代能研制出"两弹一星"，21世纪初却迟迟做不出干线客机？"两弹一星"在国内使用、可自定标准、不需要商业化，而干线客机研制不仅一开始就要站在世界技术巅峰、遵循全球标准获取航空器适航证，同时还要具备与垄断寡头波音、空客公司竞争的实力以期打开中国在全球干线客机的市场。因此，干线客机的技术追赶不仅意义重大而且难度空前，中国如何实现干线客机的技术追赶值得深入关注。

[①] 干线客机一般是指航行在城市与城市之间、载客量大、速度快、航程远的飞机，也就是常说的大飞机，比如波音737、空客A320等机型。国际航线的干线客机的载客量在150人以上，航程在5 000公里以上。国内航线的干线客机的载客量在100人以上，航程在3 000公里以上。在干线客机中，150~200座级的商用客机具有特殊的重要意义，满足了航空市场对短程航线、低载客量的需求，因此，最受航空公司的青睐。同时，这个座级的机型也是干线客机制造的起点机型和基本机型。

[②] 中航一集团原总经理刘高倬在2005年回母校清华大学演讲时说。

1. 实践鸿沟与理论缺口

不可否认的是，C919 客机立项之前，中国的干线客机研制始终辗转于"技术引进"还是"自主研发"之间。特别是运十飞机项目下马、上海航空工业公司与美国麦道公司整机合作生产麦道-82 客机时，"市场换技术"一度成为决策层的共识。由此人们不禁发问：为什么中国民航制造业倾向于通过技术引进解决"卡脖子"工程问题？改革开放以来，一方面，中国作为典型的后发国家，利用后发优势，在诸多科技创新领域，按照"市场换技术"的逻辑，引进发达国家的先进技术或设备，再通过复制模仿、产品改良等手段实现局部创新。虽然此类通过共享他人技术成果溢出的方式取得了一些成绩，但复杂产品制造领域的关键技术亟须突破。另一方面，部分创新主体误以为技术是公共产品，具有交易属性，可以通过学习与交易获得。的确，后发者通过学习与引进技术，站在巨人肩膀上能迅速看得更远，但技术亦具有缄默知识性质与私有属性。复杂产品的缄默知识远多于一般产品，掌握技术的先行者还会阻碍技术扩散，因此"卡脖子"技术多出现在复杂产品领域，是无法通过市场交易获得的。同时"技术收益递增性"会进一步拉大后发国家与先发国家的技术差距，一种技术如果处于领先地位，那么在"正反馈"机制的作用下，该技术会拥有更进一步的优势，获得更加领先的位置。因此，后发企业或国家在复杂产品的技术追赶过程中，面临复杂缄默知识以及先发企业或国家的技术收益递增性双重困难，使得企业层面创新主体难以承受失败的后果，缺乏勇气与能力跨越实践鸿沟。

此外，后发国家对复杂产品的技术追赶也缺乏理论指导。首先，现有技术追赶文献研究多关注电子产品、家电设备等可大规模制造的产品，少数探讨复杂产品技术追赶的文献也只是关注高速铁路、电力设施等极少数产业，而后发国家实现民用客机技术追赶的成功案例极其稀缺，导致相关论文屈指可数。其次，目前主流技术追赶模式主要来源于韩国、伊朗等相对较小的经济体的创新实践。这些研究成果忽略了中国作为世界第二大经济体在复杂产品领域技术追赶的独特实践。虽然先发企业或国家为防止其核心技术被模仿、解构，往往设立严苛的防护与独占机制，使得后发企业或国家即使买得来先进产品与设备，也难以了解产品参数设计、稳定量产的过程，但中国拥有超大规模的市场以及齐全的产业配套，并且具有集中力量办大事的动员能力。因此处于不同政治、经济制度背景之下的中国对具有高度协同性的复杂产品研制，尤其是对干线客机的技术赶超是现有主流技术追赶模式无法完全解释的。

中国商飞成功研制 C919 干线客机的过程正好填补了复杂产品技术追赶的实践鸿沟与理论缺口。下文旨在探讨以下问题：首先，C919 客机技术追赶的关键起点是什么？其次，面对复杂产品技术鸿沟，中国商飞采用什么模式实现技术追赶？最后，中国商飞技术追赶模式实现的条件是什么？本章既有助于填补后发国家如何实现复杂产品——干线客机技术追赶的研究空白，也可为后发企业突破"卡脖子"技术提供重要管理启示与借鉴意义。

2. 干线客机的发展历程

干线客机由数百万个零部件构成，覆盖了机械、电子、材料等几乎所有的工业门类，涉及空气动力学、系统工程、项目管理等多个学科，因此世界上能研制生产干线客机的国家少之又少，主要以美国、俄罗斯等国为代表——C919客机的出现使得中国也跻身世界上能够研制生产大型干线民用客机国家的行列。而发展干线客机能带动几百个产业升级，提高产品附加值与高端制造业水平，是国家的需要也是国力的体现。

纵观飞机制造业100多年的历史，自20世纪50年代初第一代喷气式客机正式运营以来，几乎每隔10多年就出现一批具有不同技术特点的干线客机。至今，干线客机已经发展到第五代，而全球干线客机市场也经历了"百花齐放—美国独霸—美欧双寡头垄断"，直至今日后起之秀中国干线客机初登舞台的演化历程。

第一代到第二代：百花齐放中渐显美国霸主

第一代干线客机于20世纪50年代投入航线运营，代表机型有美国的波音707、DC-8和苏联的图-104等。其主要技术特点是采用涡轮喷气发动机作为动力装置并改变机翼的气动布局，从而提高了飞机的巡航速度和客运量。这三款机型的诞生背景及影响如下：首先，脱胎于军用飞机制造公司的波音公司二战后在商用客机领域崭露头角。它凭借原有的军机厂房、设备,并借助政府对军品的投入,在为美国空军研制的 KC-135 空中加油机的基础上,成功研制出波音 707 客机并于 1958 年交付使用,为之后占据全美乃至全球干线客机霸主地位奠定了基础。其次,生产 DC-8 客机的美国道格拉斯飞行器公司(后来与麦克唐纳飞行器公司合并,即麦道公司)早在 1936 年就推出了著名的 DC-3 客机,该客机拥有 21 个座位,只需在中途加一次油便能横越美国东西岸,再加上首次于飞机上出现的空中厨房以及能在机舱设置床位,这款客机为商业飞行带来了革命性的突破。而 DC-8 客机则是在此基础上进一步实现飞行距离、速度和载客量的突破,成为 20 世纪 50 年代波音 707 客机的最大竞争对手。最后,图 -104 客机由苏联图波列夫设计局(现全名为图波列夫航空科学技术联合体)在图 -16 轰炸机的基础上设计制造。早期的图 -104 客机内装简陋,可容纳 50 名乘客,飞行中短程航线。后来苏联又发展出 70 座的图 -104A 客机以及 100 座的图 -104B 客机。

第二代干线客机于 20 世纪 60 年代开始投入航线运营,代表机型包括美国的波音 727、波音 737、DC-9 与英国的三叉戟和苏联的图 -154。其主要技术特点是发动机油耗进一步降低,提高了中短程航线运营的经济性,各系列型号覆盖了从 100 座至 180 座的各个座级,满足了中短程航线的运输需求。这些机型中除了我们较为熟悉的波音系列、麦道系列和图波列夫系列,一个新面孔引人注目——英国本土客机(即三叉戟客机)。其实这不是英国的第一款本土客机，早在1949年英国的德·哈维兰公司所研制的人类历史上第一款喷气式客机就首飞成功，然而1953年至1954年期间彗星-1客机接连发生了3次坠毁事故，导致彗星客机停飞，后续的试验改进也影响了飞机和公司的商业前景。三叉戟客机在这一背景下诞生：1956年7月，为了应对法国南方飞机公司新研制的快帆[①]（号称空客的"序章"），英国欧洲航空公司（BEA）向各个飞机制造商招标，打算研制一款中短程喷气式客机。1958年2月，德·哈维兰公司的DH121方案以其先进的技术如自动进近与着陆设备，以及独特的T型尾翼和三发设计中选。1962年1月9日，三叉戟-1C客机顺利完成首飞。然而这样一款在当时技术先进的飞机，在商业化运营中不敌设计类似还有所改进的波音727客机，最终被迫停产。之后波音与洛克希德·马丁、麦道三大美国公司占据了全球90%以上的民机市场份额，美国在全球干线客机市场的霸主地位由此显现。

第三代到第四代：美欧双寡头垄断格局形成

第三代干线客机包括以20世纪七八十年代投入使用的美国波音747、波音757、波音767、DC-10，苏联的伊尔-86，以及欧洲的空

---

① 这款客机是总部在法国图卢兹的法国南方飞机公司所研发的喷气式客机。1955年5月27日，快帆作为世界上第一款尾吊式布局的客机，同时也是世界上第一款量产的双发喷气式客机，在图卢兹腾空而起，标志着世界正式进入双发喷气式客机时代。

客A300B、空客A310等机型为代表的宽体客机。这一代客机在技术上除了进一步降低发动机的油耗外，还重点改善了飞机的巡航气动效率，创新性地采用铝合金材料以降低机体结构重量。这一时期的全球干线客机市场可谓欣欣向荣：波音推出了具有划时代意义的"空中女王"波音747客机，麦道公司推出了日后被改进成MD-11客机的DC-10三发宽体客机，甚至洛克希德公司也推出了它的第一款也是唯一一款宽体客机——与DC-10客机设计异曲同工的三发宽体客机，即L-1011三星客机。而此时在大洋彼岸，1970年12月18日，一家名叫"空中客车"的公司在法国悄悄成立。作为一个由英国、法国、联邦德国、西班牙共同发起建立的公司，其目标非常明确：欧洲需要在航空制造领域达成更加密切的合作以应对美国的冲击，不然，曾经创造了众多辉煌的欧洲航空工业将沦为美国航空制造业的附庸。为此空客首先启动了A300客机的研制工作，这也是继协和飞机[①]之后欧洲的第二个主要的联合研制飞机计划。之后空客还推出首次采用电传操纵等一系列新技术的A320客机对标波音737系列客机参加干线客机市场竞争，并迅速在中短程航线上设立了舒适性和经济性的行业标准，由此奠定了空客公司在民航客机市场中的地位，

[①] 协和飞机是由法国宇航（后来成为欧洲宇航防务集团）和英国飞机公司（后来成为英国宇航）联合研制的中程超音速客机，它和苏联图波列夫设计局的图-144客机同为世界上少数曾投入商业使用的超音速客机。1969年3月2日，协和初号机在图卢兹腾空而起，让欧洲和美洲之间的飞行时间缩短为只有3小时。英国飞机公司和法国宇航是协和飞机型号合格证的共同持有人，空客成立后把型号合格证转到空客名下，并继续为协和飞机提供维护和支援工作。2003年协和飞机全部退役。

打破了美国垄断客机市场的局面。

第四代干线客机从20世纪90年代开始陆续投入航线运营，机型以美国的波音777、波音737NG，欧洲的空客A330/A340，俄罗斯的图-204以及伊尔-96为代表。这一代客机在机体结构上加大复合材料用量，以大幅度降低机体结构重量，同时动力装置上采用推力大、油耗低、停车率低、污染小、噪声低的先进发动机。伴随着波音、空客的干线客机特色与优势越发突出，这一阶段国际干线客机市场格局发生了系列动荡，如：（1）波音公司面对空客公司市场份额的快速增长，选择以兼并与收购战略巩固垄断地位。其中最具影响力的当属1997年波音公司与麦道公司合并，使得波音不仅成为全球最大的制造商，而且是美国市场唯一的供应商，占美国国内市场的份额几乎达100%。（2）空客公司为了完善机种、打破波音747客机在超大型客机市场的垄断，开启了超大型客机研发计划。其号称"空中巨无霸"的A380客机研制工作始于20世纪90年代中期，2000年底项目正式启动，于2007年10月投入运营，成功打破了波音747客机的垄断。（3）苏联的干线客机产业伴随着冷战结束、苏联解体而逐步"沉沦"下去。尽管俄罗斯部分继承了苏联雄厚的民机制造基础，但面对美欧基于适航证的"封杀"，俄罗斯本土航空公司都不再购买无法获得美欧颁发适航证的俄罗斯飞机。（4）干线客机制造的全球化与专业化分工逐渐显现，波音和空客两大公司开始将客机制造产业向中国、日本等需求大国转移，通过跨国合作模式进一步拓展市场。其中日本三菱重工、川崎重工、富士重工三大飞机公司参与了波音 767 客机、波音 777 客机的机体生产，并签署协议有望共同开发和制造波音 787 客机。同时伴随着空客不断向中国市场投放先进的空客系列干线客机，空客也逐步在中国建立起工程技术中心以及 A320 系列飞机总装线。

第五代干线客机：动荡中或迎新格局

如今干线客机发展到第五代，机型主要以波音 787、波音 737 MAX、空客 A350XWB、空客 A321XLR 等为代表。这一代飞机极其注重客舱的舒适性和飞行的可靠性、稳定性，同时更大范围地使用复合材料以提高机体可维修性。另外从宽体向窄体发展也是这一阶段的特色之一，因为在疫情和俄乌冲突的影响下，全球民航市场也受到随之而来的经济通胀影响，呈现航空运输需求不断走高但亏损持续的态势。因此如空客 A321XLR 客机等窄体超长航程飞机，楔入了国际民航运输市场一个独特的领域，突破了以往长航程往往与大容量、宽体飞机相挂钩的技术瓶颈，有助于将航线拓展到那些距离较远、旅客人数和旅行频次又不足以支撑宽体客机运营的地区。同时，尽管波音 787 客机、波音 737MAX 客机曾面临停飞的困境，但波音公司凭借多年的积累依然可以与空客公司在干线客机市场上分庭抗礼。当然伴随着中国自主研发的干线客机投入商业运营，未来干线客机市场格局也许会有更多变数。如果市场继续保持健康的发展态势，更多具有竞争力的厂商和产品参与其中必将会带来更多益处。

总的来看,大浪淘沙下,美国著名的道格拉斯(包括后来的麦道)、洛克希德,英国、荷兰曾经挑战百人座级客机的制造厂商,都在干线客机项目上倾尽全力但最后被淘汰出局。由此可见干线客机领域技术含量之高、风险之大。当下干线客机的市场竞争已不仅仅是产品硬实力之争,波音和空客为了保持其垄断地位和利益的持久最大化,试图通过适航标准、规范的制定和推广将产品的直接市场竞争演变为市场准入限制这类"软竞争"。在这一背景下,后来者要想在国际干线客机市场上占有份额,可谓困难重重但又意义重大。

引进技术还是自主研发:运十飞机往事

中国干线客机的研制,是一段艰辛坎坷的历史。1970 年 8 月,中国第一个大飞机项目——运十飞机项目正式启动。运十飞机于 1980 年 9 月成功首飞,中国由此成为继美、苏、英、法后第五个研制出 100 吨级飞机的国家。但运十飞机项目由于当时"造不如买、买不如租"的观念,以及项目主要依靠国家财政驱动,难以形成未来市场竞争优势的预期等原因而被搁置,中国客机制造业自此停滞不前。之后中国民用航空制造业转向寻求外国技术的道路。1985 年,上海航空工业公司与美国麦道公司整机合作生产麦道-82 客机,随后又给波音、空客公司做零部件转包生产。这些合作虽然让中国接触到了民机零部件的制造技术，培育了依据国外设计需求制造非核心零部件的能力，但无助于攻克干线客机的自主知识产权与关键技术。总的来说，C919客机项目立项之前，中国的干线客机研制始终辗转于"技术引进"还是"自主研发"之间。正如国家大型飞机重大专项专家咨询委员会吴委员回忆运十飞机往事时所述："当时我们对中国发展大型民用客机的必要性与正确途径的认识深度和共识广度都不到位。是坚持完全靠自己研制中国大型民机，还是通过国际合作生产国外设计的先进大型民机，长期争议不断。"

自主实现总体设计的 C919 客机

C919客机是中国第一款按照国际适航标准自主设计、具有自主知识产权的干线客机。2006年大型飞机重大专项立项；2008年国务院批准在上海成立中国商飞，正式启动C919客机项目。在经历6年的总体设计之后，于2014年C919客机首架机进入总装，2015年正式总装下线，2016年交付试飞中心，2017年5月5日首飞成功，2022年完成适航取证，并最终于2023年5月28日由中国东方航空使用这一机型，从上海虹桥机场飞往北京首都机场，由此完成其全球首次商业载客飞行。这标志着C919客机的"研发、制造、取证、投运"全面贯通，中国民航商业运营国产大飞机正式"起步"（见图5-1）。

```
                                                                东航与中国商飞签署
                            中国商飞成立，正式      C919客机首架           C919客机全球首个正
                            启动C919客机项目       机总装下线             式购机合同
        运十飞机    运十飞机              转入详细              C919客机              完成
        项目立项    项目被搁置            设计阶段              首飞成功              适航取证
         1970    1980  1986  2006  2008  2009  2011  2014  2015  2016  2017  2018  2021  2022  2023
        运十飞机          大型飞机重大          完成详细设计          C919客机          自主研发的          完成C919客机
        试飞              专项立项                                首架客机交付       CJ-1000AX发动机    全球首次商业
                                                                 试飞中心          点火成功            载客飞行
                                          完成总体
                                          方案设计
```

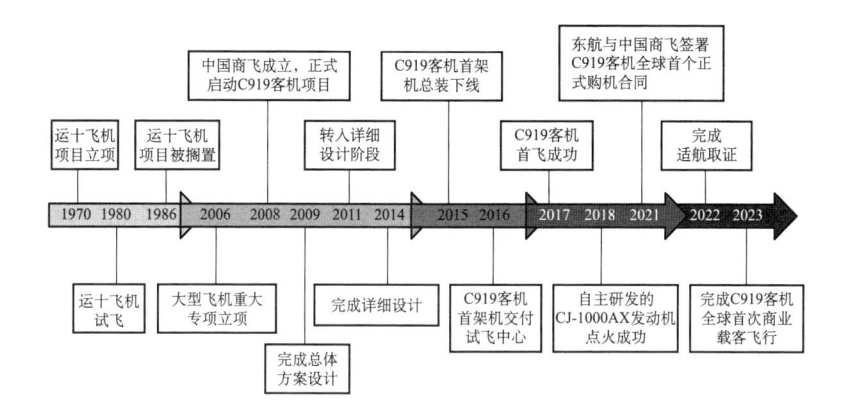

图 5-1　C919 客机研制过程的主要历史事件时序图

干线客机的研制流程呈现出 V 字形特征，可分为总体设计、制造总装、取证交付三个阶段（见图 5-2）。作为复杂产品，其开发的关键不是对某种单项技术的掌握，而是综合各种技术的能力，这种"综合"就集中体现在总体设计上。因为新研制飞机的技术风险 80% 体现在总体设计上，运十飞机副总设计师、C919 客机设计专家组成员程不时先生曾指出，整架飞机全寿命成本的 95% 在飞机总体方案确定时就已经被确定。可见，总体设计是干线客机研制的关键阶段，处于航空产业链的前端。总体设计不是追求单项技术的先进性，而是关注成本、性能与进度三大互为约束要素的综合优化，同时还要兼顾安全性、舒适性、经济性和环保性。如果飞机各项指标性能都很先进，那可能造成单价过高，降低市场竞争力，有损经济性。

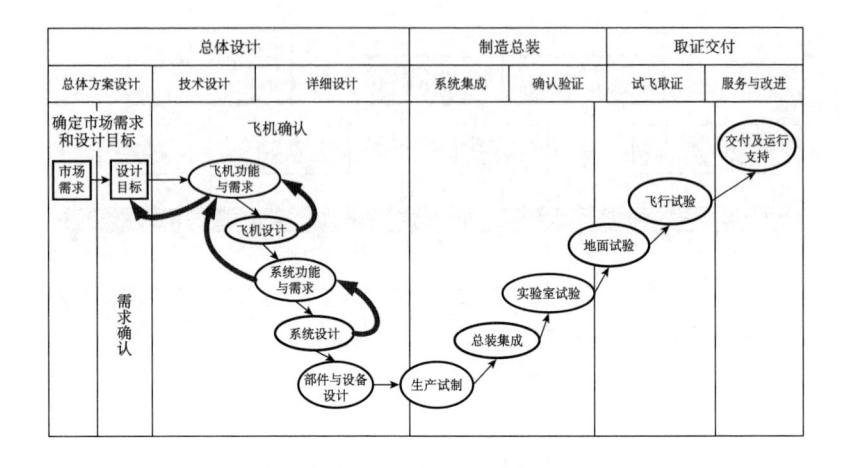

图 5-2　干线客机研制流程的 V 字模型

由于干线客机这一类复杂产品无法逆向开发,中国又缺乏总体设计积累与经验,也无处可学,只能依靠自主研发。C919 型号对标的是波音 737 与空客 A320 这一类成熟型号。波音 737 客机自 20 世纪 60 年代研制以来,历经 50 多年 14 个型号的技术迭代发展,而空客 A320 客机也有约 40 年的发展历史,二者均是世界民航史上成功的干线客机系列,截至 2019 年,这两个系列飞机的全球订单量累计均突破 15 000 架。

缺乏干线客机总体设计经验的中国商飞又该如何设计一款全新型号的干线客机及其原型机平台呢?为解决这个问题,C919 客机遵循"中国设计、系统集成、面向全球招标,逐步提高国产化"基本理念,分总体方案设计、技术设计与详细设计三个环节实现总体设计。首先是总体方案设计。该环节是公司从国内外航空公司的需求出发选择机型，即形成产品概念的过程。产品概念不仅取决于技术，同时也由产品所承担的任务如飞机性能、载客（货）数量、航程、客机尺寸等共同决定。C919客机选择的是158~168座单通道窄体的经典机型。民航业内估计，全球对该机型的需求将达2万多架，仅仅中国未来20年就将有2 300架以上的需求量，而全新机型的盈亏平衡点为300~400架，可见C919客机盈利前景广阔。其次是技术设计。这一环节主要是打样总体设计方案分解后的部件、确定每个分系统的大体布局与设计，同时向上游供应商描述将制造什么样的飞机，希望它们提供什么样的结构件与系统件。该环节的工作量比前一个环节增大，需要相关专业领域的专家参与设计。最后是详细设计。该环节需要大量的国内外供应商参与，要绘制所有可供生产的图纸，设计每一个子结构与分系统。待各供应商交付了C919客机结构部件、分系统转入总装时，才算完成详细设计方案。

中国商飞之所以能自主完成干线客机的总体设计，首先归功于国家力量的支持。大型飞机于2006年被列为16个重大专项之一。重大专项是国家科技发展的重中之重，是为了实现国家目标，在一定时限内完成的重大战略产品、关键共性技术和重大工程。其次，国家赋予中国商飞联合攻关、集中力量办大事的权力。中国商飞作为承载实现大飞机梦的创新主体，担负完成重大专项的使命，成立之初就举全国之力，从10多个省份的40多家单位召集了近500名设计人员，共计200多家国内企业、36所高等院校、数十万名产业人员参与了项目研制。他们一方面肩负航空人的使命感，另一方面遵循总体设计的技术规律，通过联合攻关，实现干线客机总体设计技术追赶。C919客机项目常务副总设计师曾自信地说："C919机型完全是自主性的。无论是总体方案、气动布局、机体设计还是系统集成，都是中国商飞集全国之力完成的，这也是自主创新的重要标志。并且C919机型在气动布局、机体结构、动力装置与机载系统四个要素的设计上均有所突破，与国际主流机型相比都有提高，和国内以往的机型相比就更是跨了一个大台阶。"

干线客机在飞机总体设计完成之后，就进入结构件与系统件的研制阶段。该阶段C919客机采用国际主流的主供模式。由于飞机结构件与系统件涉及零部件数百万个，关键技术特征各异，主制造商与组件供应商相关的经验积累也不同，中国商飞如何采取匹配的主供模式实现结构件与系统件关键技术追赶？

3. 国内联合：结构件的主供模式

干线客机的结构件是飞机机体骨架的重要构成，涉及机身、机翼、尾翼三大部分。著名飞机设计师达索曾说："飞机是飞在大气中的，所以要想飞得好，自然需要有一张能让空气爱上的'脸'。"这里的"脸"就是指飞机的气动布局。决定结构件技术水平的两个关键指标是气动布局与制造材料：前者直接关系到客机的减阻，先进的气动布局令客机具有良好的流线型设计，从而减小飞行阻力，提高飞行效率，降低使用成本；而后者则关系到客机的减重，在保证飞机有足够强度、刚度和抗疲劳度的情况下，使飞机材料的重量最轻，提高载客（货）率。航空业内有"一代材料，一代飞机"的说法，可见先进材料的重要性。C919 客机的结构件在气动布局与新型材料上取得众多技术创新，例如采用中国商飞自主设计的超临界机翼，与传统机翼相比，超临界机翼可使飞机的整体阻力减小 8% 左右，相比现役同型号飞机直接使用成本降低 10%。先进复合材料首次在 C919 客机上大规模应用率高达 12%，而同类机型波音 737、空客 A320 的复合材料分别只有 1% 与 5.5%。这使得 C919 客机整体减重在 7% 以上，从而能够装载更多的乘客与物资，提高了其在同类机型中的竞争力。

标准件带来的两类技术挑战

无论是气动布局设计还是先进材料使用，都表明飞机结构件存在大量标准件，易于拆分成不同的零组件，同时不同零组件不易互相影响与牵制。自 20 世纪 90 年代，波音、空客公司出于降低客机制造成本的需求，把部分结构件转包给中国航空工业第一集团、中国航空工业第二集团生产，也间接培养了中国航空产业的转包生产能力。C919 客机则是第一款中国作为主制造商，按照国际适航标准开发的干线客机，其结构件技术突破面临两大挑战。

第一个挑战是结构件分解与集成中的标准参数如何制定。以体现结构件自主创新的气动布局设计为例，一架飞机要先由其市场定位来决定飞行参数，而后依据这些参数设计相应的气动布局。C919客机若想在市场上具有竞争力，就必须比同类机型飞行效率更高。"高效率"代表在规定航速与高度下，能够产生足够升力，并且拥有最低阻力。因此，对于中国商飞来说，不是单纯气动布局的设计技术追赶，而是第一次就要设计出比波音、空客公司同型号更高效的气动布局，这时候就必须掌握航速、高度、升阻力等各种飞行参数。而新进入者没有"参数"数据积累，也买不来"参数"，只能依靠极强性能的计算机算出飞机外形产生的实际流动形态的近似值，然后花大量的时间与经费进行理论计算和风洞试验的联合验证。再比如国内企业给波音转包生产时，波音要求钛合金的强度是某一数值，国内供应商能够按标准做出来，却不知道为什么一定要是这个数值，而不是其他数值。类似的技术短板在中国决定自主设计干线客机时就不得不面对，即中国商飞作为主制造商要掌握干线客机结构件各方面的标准参数，既要知其然，也要知其所以然，否则集成创新将无从谈起。

第二个挑战则是国内航空工业零部件加工能力不足以为C919客机提供一致性与稳定性较高的组件产品。民用航空产品比一般产品零部件要求更高。为了满足适航要求，零部件不仅要材料轻便经济，而且要能够在极端变化与恶劣环境中依旧保证安全稳定。以飞机中常用的标准件——航空铆钉为例，航空铆钉主要用于固定飞机外机身的蒙皮,就像穿衣线,连接起飞机数百万个大大小小的零部件。客机起飞后外部环境温度将很快从正常气温下降到 -40℃左右,气压也急速下降,大型客机使用的高达上百万颗的各类航空铆钉不仅要适应这种极端环境,而且每一颗的质量都必须一致可靠。然而国内航空工业基础较为薄弱,稳定配套能力有待增强,虽然可以生产航空铆钉,但由于缺乏制造经验及相应的工艺参数积累,生产的铆钉一致性与稳定性达不到适航要求。

跨越结构件技术挑战:与国内供应商联合攻关

中国商飞采取什么模式跨越结构件技术挑战,实现技术追赶?中国商飞采取与中航工业等国内供应商联合攻关的主供模式以应对结构件研制的挑战(见表5-1)。中航工业成为结构件主要供应商的原因是,中航工业下属的三大飞机制造企业即沈阳飞机工业(集团)有限公司(简称沈飞)、西安飞机工业(集团)有限责任公司(简称西飞)、成都飞机工业(集团)有限责任公司(简称成飞)都有承接波音、空客转包生产结构件的经验。例如沈飞生产过波音777客机的复合材料尾翼翼尖以及空客A320客机的机翼前缘[1],西飞生产过波音747-8客机的垂直尾翼,成飞作为唯一供应商生产空客A380客机前起落架舱门组件。中航工业这些转包经验有利于配合中国商

---

[1] 机翼前缘:翼型最前面的一点。

飞联合攻克上述技术难关。

表 5-1 C919 客机结构件的主要国内联合攻关伙伴

三大部分	结构件功能	国内联合攻关伙伴
机身	机身分为前机身、中后机身、后机身，装载乘员、旅客、货物和各种设备，还可将飞机的其他部件如机翼、尾翼等连接成一个整体	航空工业江西洪都航空工业集团有限责任公司（简称航空工业洪都）、浙江西子航空工业有限公司、哈尔滨飞机工业集团有限公司、中国航天科工集团三院306所、上海飞机制造有限公司、西飞、沈飞等
机翼	机翼分为中央翼、外翼、副翼，产生升力以支持飞机在空中飞行，也起一定的稳定与操纵作用	航空工业洪都、哈尔滨飞机工业集团有限公司、中国航天科工集团三院306所、昌河飞机工业（集团）有限责任公司、上海飞机制造有限公司、西飞等
尾翼	尾翼分为垂直尾翼和水平尾翼，主要用来操纵飞机俯仰和偏转，并保证飞机能平稳地飞行	上海飞机制造有限公司、沈飞等

注：笔者结合文本收集数据归纳而成。

　　C919 客机之所以可以运用联合攻关模式，有效实现结构件技术突破，主要原因有两点。首先，中国商飞持续投入基础实验活动以确定相关技术参数，并据此指导国内供应商，进而互相提升结构件研制能力。例如为了确定 C919 客机复合材料的规范标准，中国商飞对 7 万个试验件进行了测试，总计涉及 140 万条数据。为了进一步提升联合攻关效果，从 2013 年起，中国商飞就组织设计、制造、质量等部门的骨干人才到各个机体供应商的现场跟产,目的在于对供应商提供的产品质量进行管控,进而有助于C919客机结构件的技术突破。谈及该问题,C919客机总装制造项目团队的高级经理曾说道:"记忆最深的是自己在航空工业洪都的跟产。航空工业洪都服务国家战略的积极性很高,专门成立了江西洪都商用飞机股份有限公司,主要承担C919客机前机身和中后机身的结构件,并且是国内第一家尝试使用第三代铝锂合金的供应商。铝锂合金是一块硬骨头,中国商飞与航空工业洪都两支团队在一起同吃同住同劳动,才共同把它的加工参数、测量检验方法琢磨出来。"借助C919客机项目,中国商飞从供应商学到先进工艺经验,也把国际上关于民机研发与适航的最新技术分享给国内供应商,进而带动整个中国民机产业的发展。

其次,因为C919客机项目是国家工程,所以在结构件的联合攻关模式中,中国商飞能够动员全国资源,各相关单位也高度配合。以C919客机机体大部段运输为例,该结构件的主要供应商散布在江西、四川、辽宁等地,由于机体体积与重量都较大,运输途中的各种桥梁、隧道都可能成为"拦路虎",如何把大部段从全国各地供应商处安全运输到上海集成总装,对刚成立的中国商飞是不小的考验。2015—2017年连续三年,相关单位参加C919客机大部段运输协调会,旨在解决该难题。而后国内各供应商不仅派出开路车全程护送,西飞和航空工业洪都更是投资数百万元专门为C919客机大部段定制运输专车。不难想象,如果没有"大国重器"的使命感以及举国体制优势,而仅通过签订合同、谈判交易方式,那 C919 客机的研制即使不是半路夭折,也将遥遥无期。

综上所述,针对结构件复杂技术特征与国内配套基础情况,中国商飞采取与国内供应商联合攻关的研发模式突破了关键技术瓶颈。现有文献认为中国主制造商与国内供应商之间存在"合作悖论"。一方面,处于产业链下游的主制造商往往认定国内供应商开发的零部件不够优质,其稳定性与精度都无法满足整机配套要求;另一方面,国内供应商则常常抱怨,复杂产品的核心零部件是技术密集型产品,国产零部件因为国内主制造商都不使用,无法在终端产品上验证,从而失去了宝贵的迭代创新机会,进而陷入恶性循环。而 C919 客机的主供模式却是主制造商与供应商精诚合作,联合跨越技术壁垒,不仅实现技术追赶,还培养出一批能够提供优秀配套航空产品的国内企业,如成立比中国商飞晚的山东中航和辉航空标准件有限责任公司就逐渐成长为 C919 客机项目唯一的铆钉国内供应商。现有文献探讨主制造商与组件供应商的生产分工,主要基于企业资源能力或交易成本视角,研究大多隐含假设二者是互相竞争的关系。该假设在大规模制造的一般产品中较为适用,因为其主制造商与组件供应商是纯粹的商业利益关系,双方主要是博弈型的交易,决策的重要考量是短期的成本与效益。有的国外学者甚至认为中国的制度与文化环境难以支撑企业在轿车、高铁等一体化架构产品领域获取竞争优势,因为该领域的主制造商倾向采用竞争性的供应链管理模式,主制造商的采购决策与供应商的配套选择主要基于短期的成本与性能，缺乏长期的信任合作关系，从而容易扼杀中国核心零部件的技术开发能力。而 C919 客机结构件的技术追赶则揭示出深刻道理，即当后发国家需要联合国内企业在复杂产品领域进行技术追赶时，不能照搬"资源基础"或"交易成本"等西方主流理论，以期在主供博弈基础上建立商业交易关系，而应基于国家工程建立联合攻关体、形成共生共赢关系，化解主制造商与组件供应商的合作悖论，共同实现航空人梦想。

4. 内外合作：系统件的主供模式

系统件是为了完成各种任务而安装的设备与系统的总称，主要有航电、飞控、环控、通信导航、高升力、液压、着陆、燃油与发动机九大系统。如果说结构件代表飞机的身材与颜值，关系着飞机的基本外形，那么系统件就是飞机的神经，决定着飞机的技术先进性。C919 客机的目标是成为一款兼具安全性、经济性、舒适性与环保性的干线客机。安全性是客机的基本属性，经济性强才能吸引各大航空公司、租赁公司购买，舒适性是乘客最能切身感受的指标，环保性则凸显企业承担的社会责任。只有同时具备上述性能，C919 客机才可能与波音 737 客机、空客 A320 客机在国内外市场竞争。而这一目标要通过系统件来实现。以飞行控制系统为例，其是整架飞机最复杂的系统之一，主要作用是提高飞机的稳定性与操纵性，保障飞行安全，减轻驾驶员的工作负担，提高乘客的舒适度。飞控系统可继续分为主操纵系统、辅助操纵系统和警告系统等。可以说干线客机属于复杂产品，每一个系统件则属于次级复杂产品。

黑盒属性导致起步即竞赛

不同于结构件，飞机系统件涉及较多的电子元器件与机载软件，其技术往往具有黑盒性质，特别是较快的更新迭代速度使得其内在逻辑更不容易被解构。同时系统件需要依据不同机型定制开发，且各个系统件之间、系统件与结构件之间存在互相制约关系，可谓"牵一发而动全身"，因此系统件的关键技术往往是企业核心机密。相比结构件，系统件的技术突破对中国商飞挑战更大。首先，中国没有研制民机系统件的经验与技术积累。虽然之前中国开发过部分军机型号的系统件，但民机系统的开发逻辑截然不同。比如军机飞控系统主要考虑先进的作战性能，其爬升过程过载[1]可以很大，但民机上较大过载则会破坏乘客的舒适感。其次，系统件研制必须参照国际通行准则。C919客机是一款市场化产品，无法像军机系统那样对很多技术指标与解决方案可以自定标准。其运营必须取得航空器适航证，意味着中国干线客机系统件的技术追赶在起步阶段就要具

---

[1] 过载，即在飞行中，飞行员的身体必须承受的巨大的加速度。

备与波音、空客公司"竞赛"的能力。

系统件的技术更新迭代速度较快。以飞控系统为例，从20世纪50年代起共发生了三次技术飞跃，从最早的机械操纵到液压操纵，再到现在的电传操纵。C919客机系统件的技术追赶是从基础的机械操纵开始积累，还是跨越式地从电传操纵开始进行高起点追赶？具体应该选择什么方式？诚然，波音、空客公司不会做教练，只会想尽一切办法阻止技术扩散。但波音、空客公司也不是自己生产所有系统件，而是转包给全球供应商，如波音787客机的全球外包率就高达70%，由此培育了众多的系统件供应商。中国商飞选择与波音、空客公司的供应商合作来破除困境。这些供应商为什么有意愿与中国商飞合作？首先，对系统件的供应商来说，如果能出现除了波音、空客以外的第三家民航客机主制造商，理论上能增强它们的议价能力。其次，C919客机有巨大市场潜力。厂商主要依据飞机型号的市场定位及主制造商实力两个指标来确定是否成为该型号客机的供应商。C919客机采用具有巨大需求量的中短程窄体机型，又属于国家工程项目，有政府信誉担保，一向嗅觉灵敏的国际顶级供应商自然不会错失机会。正如中国商飞航电系统的供应商之一，由中航工业与美国通用电气公司合资建立的中航通用电气民用航电系统有限责任公司（简称昂际航电）首席执行官所述："对于通用电气公司的全球战略来说，中国市场是非常重要的一部分。我们和中国商飞的合作当然不能用强迫或绑架来形容，反而能参与C919客机项目恰恰是一个千载难逢的机会。和中国成立合资公司，更多是从通用电气公司全球发展战略与布局需要出发做的决定。"

国内制造商与国外系统供应商合资合作

为了实现C919客机系统件的高起点技术追赶，中国商飞作为主制造商，采取联合国内制造商与国外供应商的合资合作模式（见表5-2），而不是自己与国外供应商合资合作，以带动中国民机产业发展。中国商飞为此做了三方面的工作。首先，明确国外供应商的选择标准，综合考虑国外供应商的技术能力、价格与合作态度，其中合作态度即是否愿意与国内组件供应商合资合作尤为重要。据了解曾经有一家生产起落架的国外供应商不愿走合资合作模式，中国商飞就选择了另外一家更愿意合作的。中国商飞希望通过合资合作模式最大限度地吸引国际顶级供应商加入，从而提升国内供应商系统级产品的自主研制、批量量产与售后服务能力。

表5-2　C919客机系统件的主要国内外合作伙伴

九大系统件	系统件功能	合作伙伴		
		中国	国际	合资公司
发动机	飞机的"心脏"，为飞机飞行提供动力		CFM国际公司	
航电系统	飞机的"神经中枢"，是将通信电台、雷达、导航设备等分散系统交联在一起的多功能"综合体"	中航工业	通用电气	昂际航电

续表

九大系统件	系统件功能	合作伙伴		
		中国	国际	合资公司
飞控系统	保证飞机的整体稳定性和操纵性	中航西安飞行自动控制技术有限公司	霍尼韦尔	鸿翔飞控技术（西安）有限责任公司
			派克宇航	鹏翔飞控作动系统（西安）有限责任公司
通信导航系统	飞机的"耳朵""嘴巴"和"眼睛"，承担飞机地空对话、机内话音、数据通信、无线电导航等功能	中电科航空电子有限公司	罗克韦尔柯林斯	中电科柯林斯航空电子有限公司
高升力系统	影响飞机安全的关键系统，增减起降时的升力或阻力，避免过长的滑跑距离	航空工业庆安	穆格	
燃油系统	飞机的"血液"，按发动机所要求的压力和流量向其持续供油，平衡飞机机身、冷却机上其他系统	航空工业金城南京机电液压工程研究中心	派克宇航	南京航鹏航空系统装备有限公司
液压系统	飞机的"动力神经"，提供动力来完成飞机的各种动作			

续表

九大系统件	系统件功能	合作伙伴 中国	合作伙伴 国际	合作伙伴 合资公司
环控系统	通过控制机舱内空气的温度、湿度、流速、压力等参数，提供足够舒适的环境	航空工业金城南京机电液压工程研究中心	利勃海尔航空图卢兹分公司	
着陆系统	飞机的"腿脚"，其作用是使飞机能在地面起落、滑行和停放	中航飞机起落架有限责任公司	利勃海尔航空林登博格分公司	利勃海尔中航起航空（长沙）有限责任公司

注：笔者结合文本收集数据归纳而成。

其次，采用培养系统件集成创新能力的主供模式。以航电系统开发为例，该系统被誉为飞机的"神经中枢"，中国商飞本可选择最简单可靠的国际供应商成套集成交付的模式，但为了掌控航电系统研制全过程以及后续全机各系统升级的主动权，中国商飞选择了挑战难度更大的自主设计集成模式，这无疑需要承担不小的风险与压力。通过不断地研究整体工作如何分解与集成，中国商飞逐渐掌握对航电系统各模块的总体设计和集成能力——在综合考虑先进性和经济性的基础上，对航电系统的子模块进行综合设计，再选择相应的供应商承担分解后的工作包及分系统的研制任务。

最后，要有备用方案。系统件合资合作过程中，需要供应商不断配合升级技术，如果供应商不配合，中国商飞就自主解决问题。

比如 C919 客机的电源系统数据传输遇到故障，为了保证研发进度，中国商飞马上联系相关国外供应商请求解决，得到的答复却是需要约 8 个月时间测试和高达几百万美元的研发费用，反复沟通协调仍未解决问题。无奈之下，C919 客机航电设计研究室组织团队自主开发出一套电源数据自动转化软件，保证了项目的研发进度。这也带来了一个有趣的变化，之后航电系统软件出现问题，无须中国商飞开口，国外供应商就会及时主动询问中国商飞是否需要服务。

C919 客机与波音、空客公司的国外供应商合资合作是后发企业实现高起点技术追赶的关键。那么，会不会走入"用市场换技术"，失去了市场，技术却没换来的陷阱？C919 客机的合资合作模式，不仅实现了系统件关键技术的自主可控，还将国产化率从最初设定的 10% 提升至目前的 60%。之所以如此，主要有两个原因：首先，无论是整机产品还是系统件产品，中国商飞始终定位为主制造商，自主掌握总体设计与系统集成两个关键环节，从而能够拥有开发的自主权，而不是被动地接受国外订单合作或者技术援助。其次，对于由国外提供的系统件产品，中国商飞有两手准备。一方面，尽量杜绝唯一国外供应商模式，通过不同供应商的充分竞争来保证合理经济性与供货周期；另一方面，在进口的同时坚持研发可替代产品，掌握产品开发的核心知识，努力防止技术被"卡脖子"。拿发动机来说，中国商飞从一开始就确定了"两条腿"战略：一方面，引进 CFM 国际公司的 LEAP-1C 发动机，以期快速通过国际适航认证；另一方面，同时推进自主研发 CJ-1000A 双轴大涵道比直驱涡扇发动机。2018年5月，CJ-1000AX首台整机在上海点火成功，为C919客机实现自主可控与大批量生产奠定了坚实基础。

总之，后发国家可以靠合资引进国外技术知识，然而技术能力的提升唯有通过自主研发方能获得。关于后发国家自主创新与技术追赶的问题，始终存在两种极端观点。一种观点认为，自主创新就必须闭关从头开始研发，并据此认为后发国家如果无法掌握所有零部件的相关知识，就无法自主设计飞机。这种观点既忽视了技术追赶中存在的后发优势，也无视了总体设计才是航空制造中最具统领作用的环节。另外一种观点则认为后发国家技术追赶必须依赖于技术引进，并因此引申出"市场换技术"等流行观点。然而其既忽视了技术引进并不等于技术能力增长，也没有看到自主研发对提高技术能力的决定作用，所以难以解释为什么很多中国企业陷入"落后—引进—再落后—再引进"的怪圈。

上述两种观点的背后其实都是将后发国家自主研发与外部技术引进对立起来看问题。而本章发现，后发国家技术追赶呈现出不同的特征。一方面，后发国家强烈的技术追赶意识、较低的技术创新转换成本优势以及特有的"后发优势"，为其技术追赶提供了契机。另一方面，新技术并不是无中生有被"发明"出来的，而是基于现有技术被建构、被聚集、被集成而来的，现有技术又源自先前的技术。技术"组合"和"递归"的特征，促使发达国家基于已有的先进技术进行持续迭代创新，而后发国家只能基于薄弱的技术基础缓慢前行，这进一步拉大了后发国家与发达国家的技术差距。

因此，通过与国外供应商合资合作模式实现高起点技术追赶甚至赶超，关键是处理好关键技术自主可控与全球资源开放共享的辩证统一关系。对于后发企业来说，重要的不是技术知识来自内部还是外部，而是能否通过自主研发掌握新技术，并不断提高技术能力。

5. 全景回顾与模式凝练

综上可以发现，干线客机总体设计的自主可控与系统集成的开放创新，是后发国家进行如干线客机等复杂产品技术追赶的关键。干线客机的研制是高度复杂的系统工程，其成功的关键并不在于某种单项技术是否足够先进，而在于主制造商能否从顶层把握产品概念并且整合各个独立零部件以实现整机协调工作，即是否具备干线客机的总体设计与系统集成的能力。该能力涉及多组织的协同合作，对提高复杂产品的创新绩效至关重要。中国商飞作为主制造商，自主进行飞机的总体设计与系统集成，分别针对结构件采取与国内供应商联合攻关的主供模式，针对系统件采取促进国外供应商与国内企业合资合作成为中国商飞供应商的主供模式，最终实现复杂产品的技术追赶（见图5-3）。

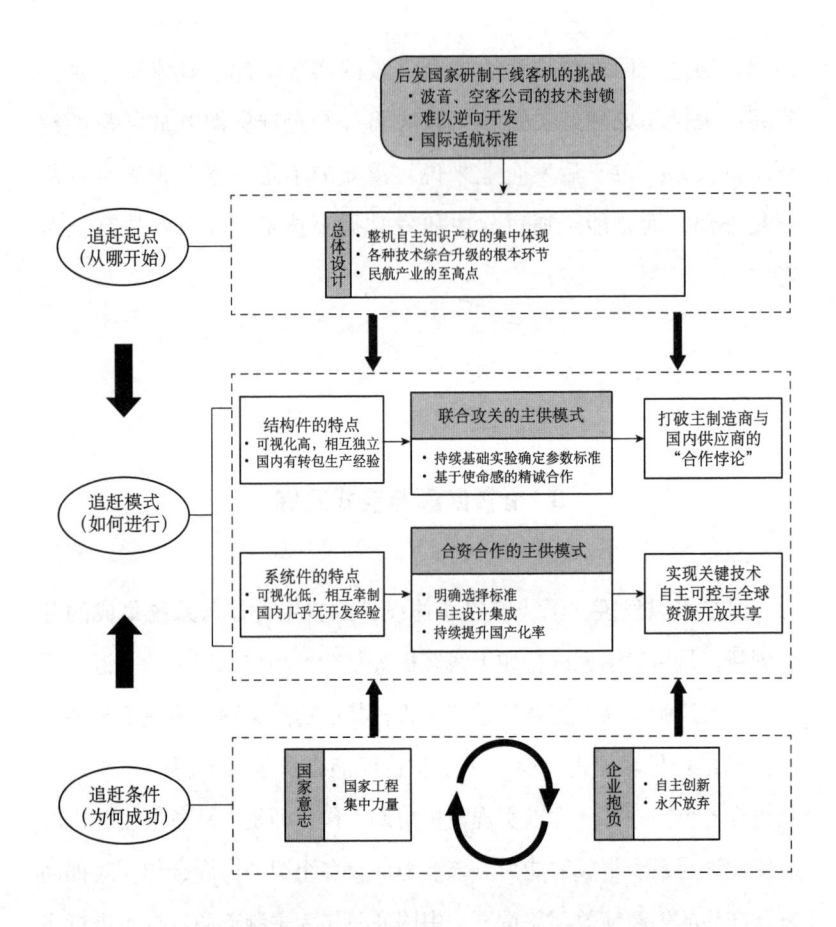

图 5-3　后发企业实现复杂产品技术追赶的全景图

独具特色的主供模式

主供模式本质上是探讨制造商与供应商的合作关系,但本章指出中国商飞实现技术追赶的主供模式与发达国家寡头企业常用的主供模式有所不同，后者假设主制造商具备强大的知识基础与开发经验，且选取质优价廉的配套组件是其唯一目标，属于成本型主供模式。后发国家企业有研发经验与技术储备不足的先天制约，而干线客机却有兼具安全性、经济性、舒适性与环保性的高要求，其运营需获得国际适航认证，还需面对波音、空客公司的竞争。同时 C919 客机不仅自身需要获取商业竞争优势，还承担着振兴中国民航工业、推动中国制造产业转型升级的重任，具有成长型主供模式特征。中国研制 C919 客机的挑战好比刚进入体校学习的第一届新生，不久就要代表国家征战奥运赛场，目标不仅是要站上领奖台，还要把奥运赛场经验带回学校，培养更多师弟师妹具备国际水平。因此，后发国家复杂产品技术追赶模式必须蕴含独特内容，以解决上述矛盾。

　　本章首先将干线客机分解为结构件与系统件，分别指出其不同的技术特征，尝试打开复杂产品的技术黑箱，完善现有研究往往将复杂产品技术笼统地视为同质化整体、忽略不同组件之间的技术差异以及追赶模式的不同的缺陷。本章进一步发现：（1）结构件的技术追赶主要采取主制造商与国内供应商联合攻关模式，旨在突破结构件参数设定与提高国内供应商结构件配套能力。不同于波音与空客强调市场博弈的成本型主供模式，中国商飞更多是基于国家工程、民族复兴共同使命建立联合攻关体与形成共生共赢关系，化解主制造商与国内组件供应商的合作悖论。（2）由于国内企业整体缺乏系统件的开发经验，为了实现高起点的技术追赶，中国商飞没有采取波音、空客公司常用的主制造商直接管理组件供应商的模式，而是促成国内企业（以中航工业下属企业为主）与国外系统设备供应商成立合资公司，选择合资公司为 C919 客机的系统件供应商。这种特殊的合资合作主供模式，既能吸引更多中国企业以关键合作伙伴的身份参与并支撑 C919 客机项目，又突破了中国商飞系统件开发经验与知识缺乏的限制，更有利于培养出一批具备国际水准的中国供应商，提升中国民机产业高端配套能力。在该模式下，中国商飞通过设定选择国外供应商的标准，在技术合作的同时不忘实现自主可控的战略抱负，始终抓住总体设计与系统集成的自主研发，最终将 C919 客机的国产化率从最初设定的 10% 提升至目前的 60%。可以说，系统件主供模式的成功在于实现了关键技术自主可控与全球资源开放共享之间的平衡。当然，国外系统件供应商愿意与中国企业成立合资公司，以配套 C919 客机系统件研制，关键是因为它们是中国商飞主制造商的合作伙伴，而波音、空客公司才是中国商飞的竞争对手。

中国商飞与波音、空客公司主供模式的分野

本章总结出中国商飞成长型主供模式与波音、空客公司成本型主供模式在目标、基础、形式与逻辑上的差异（见表 5-3）。后者依赖于先进企业具有优势的资源能力，以全球价值链低成本采购为导向，优先保证主制造商的利益。这种成本型主供模式建立在西方经典的"资源基础"与"交易成本"理论体系上，通过强调成本与效率，凸显主制造商与供应商之间基于交易的博弈逻辑。而中国商飞采取的成长型主供模式则不同，其直面后发企业基础不足的制约，以追求技术突破与产业发展为导向，凸显主制造商"大国重器"的使命感。该模式建立在主制造商与供应商共同成长的共生逻辑体系上，既有助于后发国家集中力量联合攻关，也有利于其通过平衡关键技术自主可控与全球资源开放共享以实现技术追赶。

表 5-3 中国商飞成长型主供模式与波音、空客公司成本型主供模式差异比较

比较要素	成长型主供模式（中国商飞）	成本型主供模式（波音、空客公司）
目标	技术成功追赶，并带动民机产业发展	选择质优价廉的组件是唯一目标
基础	知识限制，经验缺乏	知识雄厚，经验丰富
形式	结构件：中国商飞与国内供应商的联合攻关 系统件：促进国内与国外供应商的合资合作，然后再成为中国商飞供应商	波音、空客公司直接管理全球的核心供应商
逻辑	强调共同成长的共生逻辑	强调市场竞争的博弈逻辑

致力于实现航空产业链前端总体设计的自主可控是后发国家进行复杂产品技术追赶的关键起点。现有主流技术追赶理论认为后发企业受限于先期经验与技术基础，只能依赖技术引进与逆向工程从模仿到创新，遵循从生产能力到设计能力，或从工艺创新到产品创新，或从 OEM 到 ODM 再到 OBM 的技术能力转化过程。然而，后发企业的技术追赶理论应该区分复杂产品与一般产品而开展。对于

复杂产品而言，其技术追赶往往面临两种特殊困境。一方面，此类产品往往只被少数发达国家巨头企业所垄断，它们会千方百计设立严苛的防护与独占机制，阻碍技术扩散，使得后发国家无法从先进企业中引进与学习到复杂产品的核心技术。另一方面，复杂产品技术门槛远高于一般产品，需要相关产业配套，更依赖于基础研究与开发经验的积累，其核心技术的高度复杂性与不确定性也使后发企业难以进行逆向开发。如C919客机就涉及400万个以上的零部件、数百个相关产业，所以后发企业无法实现从转包生产单一零部件到拥有整机设计开发能力的技术追赶。

千头万绪，复杂产品技术追赶的起点从何而起？总体设计是C919客机技术追赶的起点，结构件与系统件的集成创新是技术追赶的路径。面对波音、空客公司的技术垄断，C919客机只能从产业链前端总体设计开始技术追赶，即充分把握新机型的需求定义与总体框架，从上到下完成子系统分解与技术参数设定，选择和指挥供应商按时交付合格的零部件与组件，并完成系统集成进行整机交付。换句话说，一架飞机的自主知识产权包括创意所有权、构架控制权、供应商选择权、工作分工权、交付唯一权，只有拥有客机的自主知识产权，才能够在产品平台上不断更新迭代，最终完成技术追赶，而这一切均起步于飞机总体设计环节。

因此，该发现不仅完善了现有后发企业技术追赶理论的不足，还呼应了复杂产品技术创新不能因为暂时未掌握某种单项技术（如飞机发动机技术）就怀疑、贬低甚至放弃产品层面自主设计的观点。C919客机技术追赶起点与路径不同于一般产品的研究发现，为指导中国通过总体设计与系统集成的自主可控实现复杂产品技术突破奠定了理论基础。

复杂产品技术追赶模式的实现需要后发国家或企业营造独特的情境。目前主流的技术追赶模式多以可大规模定制的产品为研究对象，由于复杂产品成功追赶的案例较为稀缺，少数研究仍局限在中国、韩国、伊朗等少数国家的铁路装备、通信设备与电力系统等极少数行业，并且这些文章仍沿用大规模定制产品技术追赶的研究惯例。不同于上述"技术引进"或"逆向开发"的大规模生产或定制产品的技术追赶模式，复杂产品的技术追赶只能始于产业链最高端，集中优势力量高举高打。因此实现复杂产品的技术追赶需要一定的条件：首先，作为定位为国家重大工程的项目，要发挥集中力量办大事的优势。C919干线客机研制代表国家意志，肩负带动整个民机产业升级的重任。2008年国家从中航工业抽调核心骨干新成立的中国商飞，成为实施该项目的主体。国家从组织结构层面赋予实施该项目的中国商飞拥有动员全国资源的权力，拥有供应商选择权与工作分工权。C919客机的组件供应商往往是中航工业的下属企业，而中国商飞又脱胎于中航工业，这种天生的"血缘"关系也为主制造商与组件供应商的联合攻关打下了基础。其次，离不开主制造商始终坚持自主创新、永不放弃的企业抱负。回首历史，从运十飞机首飞成功到该项目遗憾搁置，再到试图依赖别人设计而始终无法成功的曲折中，我们铭记的是自主创新与永不放弃的重要性。现在，C919客机奋力追赶之时，波音787客机与空客A380客机均已问世，面对几代机型的落后，追赶之路谈何容易。C919客机从零开始，筚路蓝缕，一飞冲天，每一次支持中国商飞渡过难关的也是自主创新的勇气与永不放弃的精神。展望未来，中国民航工业还将从追赶迈向超越，指引我们奋勇前进的依然是自主创新与永不放弃。

综上所述，后发国家实现复杂产品技术追赶既需要国家意志的顶层设计与支持，更离不开自主创新、永不放弃的企业抱负支撑。对于正经历百年未有之大变局，内外部条件发生深刻复杂变化的中国与中国企业而言，国家意志与企业抱负的有机统一能够更好地帮助其打好关键核心技术攻坚战，提升自主创新能力。

参考文献

阿瑟.复杂经济学：经济思想的新框架.贾拥民，译.杭州：浙江人民出版社，2018.

阿瑟.技术的本质：技术是什么，它是如何进化的.曹东溟，王健，译.杭州：浙江人民出版社，2014.

郭熙保，文礼朋.从技术模仿到自主创新：后发国家的技术成长之路.南京大学学报（哲学·人文科学·社会科学），2008（1）.

贺俊，吕铁，黄阳华，等.技术赶超的激励结构与能力积累：中国高铁经验及其政策启示.管理世界，2018，34（10）.

江鸿，吕铁.政企能力共演化与复杂产品系统集成能力提升：中国高速列车产业技术追赶的纵向案例研究.管理世界,2019,35(5).

李显君,孟东晖,刘暐.核心技术微观机理与突破路径:以中国汽车AMT技术为例.中国软科学,2018(8).

刘斌.逐梦蓝天:C919大型客机纪事.郑州:河南文艺出版社,2017.

路风.论产品开发平台.管理世界,2018,34(8).

路风.走向自主创新:寻求中国力量的源泉.北京:中国人民大学出版社,2019.

吕铁,贺俊.政府干预何以有效:对中国高铁技术赶超的调查研究.管理世界,2019,35(9).

苏敬勤,刘静.复杂产品系统中动态能力与创新绩效关系研究.科研管理,2013,34(10).

吴先明,苏志文.将跨国并购作为技术追赶的杠杆:动态能力视角.管理世界,2014(4).

赵忆宁.大国工程.北京:中国人民大学出版社,2018.

朱瑞博,刘志阳,刘芸.架构创新、生态位优化与后发企业的跨越式赶超:基于比亚迪、联发科、华为、振华重工创新实践的理论探索.管理世界,2011(7).

BALCONI M. Tacitness, codification of technological knowledge and the organisation of industry. Research policy, 2002, 31(3).

BRUSONI S, PRENCIPE A, PAVITT K. Knowledge specialization, organizational coupling, and the boundaries of the firm: why do firms know more than they make? . Administrative science quarterly, 2001, 46(4).

EISENHARDT K M, GRAEBNER M E, SONENSHEIN S. Grand challenges and inductive methods: rigor without rigor mortis. Academy of management journal, 2016, 59(4).

EISENHARDT K M, GRAEBNER M E. Theory building from cases: opportunities and challenges. Academy of management journal, 2007, 50(1).

FUJIMOTO T. Architecture-based comparative advantage: a design information view of manufacturing. Evolutionary and institutional economics review, 2007, 4(1).

HOBDAY M. Innovation in East Asia: the challenge to Japan. Cheltenham: Edward Elgar Publishing, 1995.

HUGHES T P. Networks of power: electrification in western society, 1880-1930. Baltimore: Johns Hopkins University Press, 1983.

KIAMEHR M, HOBDAY M, KERMANSHAH A. Latecomer systems integration capability in complex capital goods: the case of Iran's electricity generation systems. Industrial and corporate change, 2014, 23(3).

KIM L. Imitation to innovation: the dynamics of Korea's technological learning. Boston: Harvard Business School Press, 1997.

KLEIN H K, MYERS M D. A set of principles for conducting and evaluating interpretive field studies in information systems. MIS quarterly, 1999, 23(1).

PAN S L, TAN B. Demystifying case research: a structured-pragmatic-situational (SPS) approach to conducting case studies. Information and organization, 2011, 21(3).

PARK T Y. How a latecomer succeeded in a complex product system industry: three case studies in the Korean telecommunication systems. Industrial and corporate change, 2013, 22(2).

TAKEISHI A. Knowledge partitioning in the interfirm division of labor: the case of automotive product development. Organization science, 2002, 13(3).

WALSHAM G. Interpretive case studies in IS research: nature and method. European journal of information systems, 1995, 4(2).

XIAO Yangao, TYLECOTE A, LIU Jiajia. Why not greater catch-up by Chinese firms? the impact of IPR, corporate governance and technology intensity on late-comer strategies. Research policy, 2013, 42(3).

第六章
中国载人航天工程：决策伦理问题探索 *

2022年4月24日，是第七个"中国航天日"，主题为"航天点亮梦想"。从嫦娥奔月的浪漫神话到万户飞天的悲壮实践，飞向蓝天，探索浩瀚无垠的宇宙，一直是华夏儿女的共同飞天梦。终于，飞天梦随"神舟"系列载人飞船升空化为现实：从1999年的神舟一号到2024年的神舟十八号，昭示着在问鼎苍穹道路上的一次次飞跃，

---

* 本章内容主要源自教学案例《和而不同：中国载人航天工程决策伦理问题探索》。案例来自中国管理案例共享中心，并经案例作者同意授权引用。案例由北航经济管理学院的欧阳桃花、郑舒文、崔宏超，中国航天科技集团有限公司的唐伟，北京交通大学经济管理学院的曾德麟撰写，入选第十三届"全国百篇优秀管理案例"。

不断刷新中国人的"太空高度",实现了中国载人航天工程[①]的跨越式发展。

纵观全程,中国的追梦历程远不如所看到的这般一帆风顺。回想20世纪60年代到70年代曙光号[②]载人飞船的研制起步与工程下马,70年代到80年代载人航天工程的"休眠状态",80年代到90年代初围绕载人航天工程"干不干"和"怎么干"出现多次决策冲突……再看今日,2022年底已全面建成中国空间站;截至2023年底,我国载人航天工程发射实现30战30捷。

由此不禁感慨:中国是如何,又是为什么能在起步如此艰难的情况下,通过一个又一个对的决策,缔造出如今辉煌的载人航天成就呢?诺贝尔经济学奖获得者、印度经济学家阿马蒂亚·森曾说过:任何人的行为都是在一定的伦理背景下进行的,决定一件事该不该做,也必将出于一定伦理考量[③]。那么,中国载人航天工程的多次决策行为与冲突隐含了哪些伦理考量呢?又该如何一次又一次做出对

[①] 中国载人航天工程于1992年9月21日由中国政府批准实施,代号"921工程",是中国空间科学实验的重大战略工程之一。该工程制定了以神舟系列飞船为起点,致力于2022年底建成天宫系列空间站的发展战略。
[②] 1958年中国成立了第一个卫星小组。1961年苏联加加林上天、美国艾伦·谢泼德上天后,1968年中国成立了中国空间技术研究院,组织全国200多位专家先后参与曙光号飞船总体设计方案的前期论证。然而,由于经费、科技水平、工业基础等原因,1975年曙光号飞船工程全线停止。从1975年到1985年,除少数专家在苦苦坚持外,整个载人飞船工程几乎处于休眠状态。
[③] 森.以自由看待发展.任赜,于真,译.北京:中国人民大学出版社,2012.

的伦理选择呢？

1. 载人航天工程干不干

太空是国与国之间，尤其是大国之间展开激烈角逐的舞台。20世纪50年代苏联第一颗人造地球卫星上天，标志着国际航天工业[①]的正式诞生。之后美苏[②]争霸加剧太空军事化，国际航天工业取得长足发展。直至1991年苏联解体、冷战落幕，国际航天工业体系自此进入多极化发展阶段。中国航天工业自1956年起步，取得了以"神舟"飞天、"天宫"建站、"嫦娥"揽月、"天问"探火、"羲和"探日、"北斗"组网为代表的重大科技成就，成为国防工业与战略安全的压舱石，并产生了显著的社会经济效益。

然而回顾我国载人航天工程的起步历程，其艰辛不言而喻：20世纪50年代，在战略科学家钱学森先生的建议下，1956年10月8日国防部成立第五研究院，开展了导弹、运载火箭和人造卫星等项

---

① 航天工业是人类向太空发展的新兴产业。这一产业致力于研制与生产航天器、航天运载器及其所载设备和地面保障设备，具有技术密集、广泛协作、周期长、成本高、挑战多、风险大等特征，代表着一个国家的经济、军事、科技等综合实力。

② 此处的"苏"指"苏联"，后文提及"美苏"皆是如此。

目的研制，为后来发展载人航天工程提供了运输工具、卫星通信等重要支持。1958年5月召开的中国共产党八大二次会议决定：我们也要搞人造卫星！于是，中国航天人从此踏上了从陆地走向太空的漫漫征程。在那个困难年代，中国航天人始终怀揣着飞天梦想并在不断坚持。从1958年到1966年，从事探空火箭、生物火箭发射以及生物研究的中国航天人，对载人航天的前期探索与研究做出了很大贡献。1967年3月，聂荣臻向中央起草了一份《关于军事接管和调整改组国防科研机构的请示报告》，该报告被中央批准后载人飞船相关工作才渐入正轨。1968年2月20日中国空间技术研究院（钱学森担任首任院长）正式成立，负责研制曙光号飞船。

全国200多位专家先后参与了曙光号飞船总体设计方案的前期论证。1970年7月14日中国政府正式批准了第一艘载人飞船曙光号载人飞船研制工程立项，并于同年召开飞船方案论证会，明确了飞船的总体技术方案、技术设想以及各系统的构成等。其中重点阐述此飞船应该致力于送两个航天员上天，理由是往返运输既实用方便，又符合中国当时的经济和技术水平。自曙光号飞船项目立项以来，全国各地的工程团队都实实在在地做出了飞船的结构与系统，如按一比一尺寸设计并制作出了曙光号飞船的框架结构模型，提出了航天员手动控制系统方案并进行了仿真模拟，在飞船供气方式、航天服研制、航天员训练等方面都做出了开创性工作。

然而载人航天工程是一个巨大的系统工程，不仅需要载人飞船作为航天员的乘坐工具，还需要运载火箭分系统将飞船运送到指定太空轨道，同时需要测控通信分系统保证航天员与地面的通信顺畅。但当时中国的长征一号火箭的运载能力还极其有限，航天测控网也没有建成。最终综合考虑国家的经济基础、技术积累、工业制造及相关工艺水平，20世纪70年代，中央批示，先把地球上的事搞好，地球外的事往后放放，至此曙光号载人飞船相关研制工作逐渐停滞。

由此可见，载人航天工程规模庞大、系统复杂，包含众多关键核心技术，是极具风险性的国家重大工程。因此，这项工程需要集中几乎全国人民的知识与力量、技术与才干等，如此大的投入必然带来极大的风险与责任，也使得决策变得异常艰难。所以，载人航天工程作为国家重大工程，其决策更是国家层面的战略决策，以至于西方国家将载人航天工程称为"总统项目"！

1958年至1985年，中国载人航天工程跌跌撞撞走过27年，始终原地打转、举步维艰，而美苏的载人航天事业如日中天。截至1986年，美苏共发射飞船194艘，其中载人飞船就占了88艘，中国却一艘也没有，可见中国与美苏在载人航天方面的差距。这一问题事关国家当下和未来的发展、事关子孙后代生存空间，中国必须做出抉择：载人航天工程到底干不干？而彼时的中国，百废待兴，各行各业都在谋发展、想出路，大部分人还在为吃饱、穿暖发愁。如此条件下，是否当即举全国之力干"上天"的事情，无疑是摆在决策者面前的一道难题。

不同的声音

1985年7月,我国为应对美国"星球大战计划",在秦皇岛举行了中国首届空间站研讨会,重新提出了中国载人航天工程的相关问题。这也是继曙光号飞船工程搁置约10年后,我国再次把中国载人航天工程作为一个重大课题提上议事日程。会上,会议策划者之一、著名航天专家任新民院士提出,中国要为建立空间站提早规划,对其中某些单项关键技术——比如飞船——应立即着手研究,并表示中国如果还不尽快着手开展载人航天工程,将与世界的差距不断加大[1]。这次会议不仅唤起了专家们对载人飞船的回忆,也让大家对中国载人航天的未来产生了期许。

与此同时,全国上下围绕"中国到底干不干载人航天工程""是否现在启动载人航天工程"也出现了各种不同的声音。

"支持派"认为:

从国家战略地位的角度来看,太空中有没有中国人意义是大不相同的,就像有没有"两弹一星"一样。如果不发展载人航天事业,中国在国际上就没地位,就会受人欺负。同时,干载人航天工程,必将突破许多新技术,这些新技术又可以带动很多新学科、新工业、新材料、新工艺发展。当然,大家不要老问载人航天到底有什么用,

---

[1] 左赛春,贺喜梅. 从曙光号到神舟号:我国载人航天工程正式立项.(2016-10-08)[2022-05-12]. http://zhuanti.spacechina.com/n1449297/n1449403/c1458925/content.html.

就像卫星刚上去时大家也这样问,后来大家看上了电视,就知道有用了。所以载人航天就像一个小孩,不生下来你怎么知道他将来能干什么呢?生下来再慢慢培养嘛!

而且,载人飞船干成后,下一步就是建空间站。要是将来有一天战场摆在天上了,我们就可以用飞船、空间站一类的航天器去拦截对方的导弹,否则不就等着挨打吗?

另外,中国航天界现在人才断层很厉害,如果我们的决策缺乏长远的眼光,决策出来的工程吸引不到年轻人才,就很难培养人才、留住人才了。

同时,"支持派"中就"什么时候干"这一问题,又分为两派:

"现在派"认为如果中国不现在干载人航天工程,一旦将来美国搞一个太空条约限制我们,那到时想干都来不及了。况且中国现在也具备一定的干载人航天工程的实力,特别是在运载工具和返回式卫星技术上已经较为成熟。而"将来派"则认为这个事情还是可以往后放一放的,国家整体经济基础比较落后,而且干载人航天工程是个高投资高风险的事,一旦有误如何对得起人民的血汗钱?所以还是要有主有次。

而"反对派"则认为:

中国有自己的国情,不能跟着美苏跑,也不一定要搞载人航天。地面上的事都还没干好,经济上不去,吃饭穿衣都成问题,怎么干得好天上的事?中国应该把有限的钱用在刀刃上,如支援贫困山区,多建几个电站,多搞几个医院。百姓的日子过好了,比什么都强!

载人航天是科学事业，不要一提起来就上升到国家、民族的荣誉层面。苏联干载人航天工程是为国争光了，结果飘扬了69年的国旗不照样落地了吗？

全国上下各抒己见、百家争鸣，观点各方你来我往、据理力争，研讨会上争得面红耳赤，会后也是争论不休，如针尖对麦芒。无论何种观点，专家们的爱国之心不可否认。在这样的争论下，多数专家达成共识：载人航天工程应该现在就干，其他问题没有必要也没有时间再争论下去，现在的关键问题是"怎么干"。对此，中央明确指示：先安排概念性、技术可行性的研究与论证，在充分论证的基础上，再做最后决断。

争鸣背后的工程伦理

不难发现，"载人航天工程干不干"的决定是在一定伦理背景下进行的：

首先，从国内外环境来看。（1）外部环境：1）国际背景：当时的中国与世界航天强国美国、苏联的差距不是好与差的问题，而是有和无的根本性问题。截至1986年，美苏共发射飞船194艘，其中载人飞船就占了88艘，中国却一艘也没有。同时当时国际形势极为复杂，中国面临技术封锁，这为中国实施载人航天工程带来了更大困难。2）航天产业背景：航天工业作为迈向太空的新兴产业，代表着一个国家的经济、军事、科技等综合实力，是大国之间展开激烈角逐的舞台。（2）内部环境：1）技术环境：从20世纪60年代到70年代曙光号载人飞船历经研制起步与工程下马，70年代到80年代载人航天工程又处于"休眠状态"，彼时中国载人航天整体技术基础薄弱，研制经验不足，科研水平有限。2）经济环境：中国正值百废待兴之际，各行各业都在谋发展、想出路，大部分人还在为吃饱、穿暖发愁。

其次，"载人航天工程干不干"的决定也要重点考虑载人航天工程的特点。相较于一般工程，载人航天工程反映了重大工程的复杂性与整体性。（1）复杂性：载人航天工程自身规模巨大、技术系统复杂，同时作为可靠性和安全性要求极高、极具风险性的国家重大工程，需要集中几乎全国人民的热情与智慧、知识与力量、技术与才干、财力与物力。其牵一发而动全身的复杂性也让相关决策变得极其复杂。（2）整体性：结合国内外载人航天工程的发展可以看出，这一重大工程有一定实践规律，也是时代发展的趋势，但要着眼于国情，不能跟着他国跑，其背后还包含社会、政治、经济、技术等众多因素的非简单叠加。

在此基础上，进一步分析"支持派"与"反对派"以及"现在派"与"将来派"之间的争论观点（见图6-1），从而思考"干不干"是否涉及工程的技术伦理、利益伦理、责任伦理等相关问题。

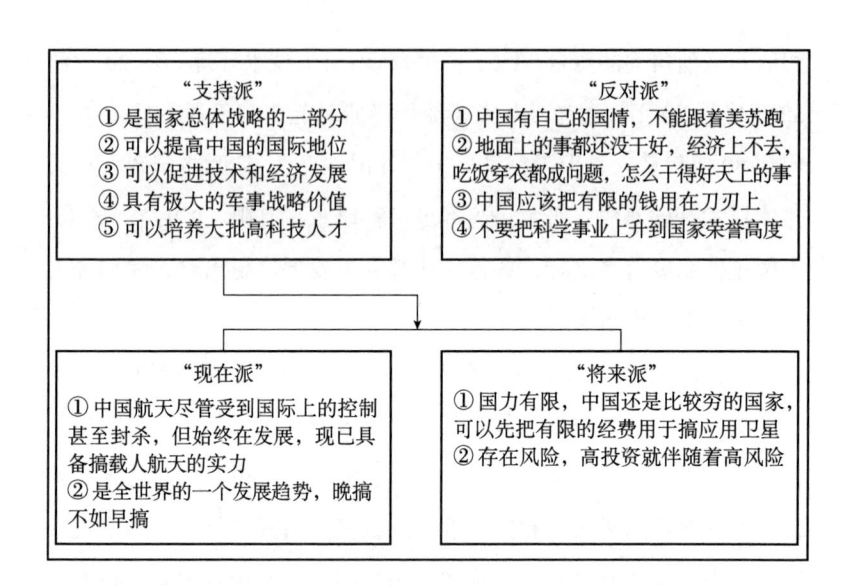

```
┌─────────────────────────────────┐  ┌─────────────────────────────────┐
│          "支持派"                │  │          "反对派"                │
│ ①是国家总体战略的一部分          │  │ ①中国有自己的国情，不能跟着美苏跑│
│ ②可以提高中国的国际地位          │  │ ②地面上的事都还没干好，经济上不去，│
│ ③可以促进技术和经济发展          │  │   吃饭穿衣都成问题，怎么干得好天上的事│
│ ④具有极大的军事战略价值          │  │ ③中国应该把有限的钱用在刀刃上    │
│ ⑤可以培养大批高科技人才          │  │ ④不要把科学事业上升到国家荣誉高度│
└─────────────┬───────────────────┘  └─────────────────────────────────┘
              ↓
┌─────────────────────────────────┐  ┌─────────────────────────────────┐
│          "现在派"                │  │          "将来派"                │
│ ①中国航天尽管受到国际上的控制    │  │ ①国力有限，中国还是比较穷的国家，│
│   甚至封杀，但始终在发展，现已具  │  │   可以先把有限的经费用于搞应用卫星│
│   备搞载人航天的实力              │  │ ②存在风险，高投资就伴随着高风险  │
│ ②是全世界的一个发展趋势，晚搞    │  │                                  │
│   不如早搞                        │  │                                  │
└─────────────────────────────────┘  └─────────────────────────────────┘
```

图 6-1　围绕"载人航天工程干不干"的争论

按载人航天工程是不是现在就干，将上述争论收敛为两类：一类是"支持派"与"现在派"主张现在就干，另一类是"反对派"与"将来派"主张先把地面上的事干好。这两类争论观点以及工程伦理问题的分析如表 6-1 所示。表 6-1 显示："载人航天工程干不干"涉及工程的技术伦理、利益伦理、责任伦理等问题。技术、利益、责任等价值标准的多元化导致了决策主体在具体的工程实践情境中选择两难，载人航天工程本身的复杂性又加剧了决策主体在反映不同价值诉求的伦理规范之间的权衡。

表 6-1　工程伦理问题识别

工程伦理问题	原因
工程的技术伦理	工程是技术系统通过人与自然、社会等外界因素发生相互作用的过程。而人作为技术运用的主体也是道德主体，可以对工程中技术的运用和发展进行道德评判和干预。 "反对派"与"将来派"认为彼时中国航天基础薄弱，要慎重；而"支持派"与"现在派"则表示发展载人航天事业可以带来新技术、新工艺。 综上，发展先进技术与技术基础薄弱是载人航天工程所带来的技术伦理问题。
工程的利益伦理	工程建造过程中，涉及各种利益协调和再分配问题。能否尽量公平地协调不同利益群体的相关诉求，同时争取实现利益最大化，是工程的利益伦理问题中的重要议题。 "反对派"与"将来派"提到"吃饭穿衣都成问题"与"经济基础比较落后"等。他们担心载人航天工程耗资巨大，国家"蛋糕"就这么多，其他行业没法获得均等分配。然而"支持派"与"现在派"则认为发展载人航天事业终将带动国民经济发展。 综上，载人航天工程涉及多方利益群体，而利益伦理问题一直伴随决策始终。
工程的责任伦理	工程责任不但包括事后责任和追究性责任，还包括事前责任和决策性责任。随着时代的变迁，工程伦理责任的内涵逐渐从"忠诚责任"转变为"关注人类福祉的社会责任"。 争论也体现出了工程的社会责任伦理问题。"支持派"与"现在派"都站在国家战略的高度，强调载人航天工程对航天技术突破、国际地位提升、军事作战等的重大作用。"反对派"与"将来派"则综合考虑工程的风险性以及国家百废待兴的国情，强调务实、把钱花在刀刃上，对百姓负责。 综上，"社会责任"是载人航天工程决策中伦理问题的另一焦点。

不同于一般工程伦理问题，重大工程决策的伦理考量更复杂。"载人航天工程干不干"的决策已经不是一般工程的技术、利益、责任伦理问题，而是事关国家核心利益的国家伦理问题。

1994年5月22日，钱学森先生致信朱光亚[①]，他的核心观点是"我们要考虑国防科技的发展战略，并进行讨论研究。对此我非常拥护。但我也想：我们有个先决条件要明确，在什么指导思想下研究国防科技的发展战略……讨论发展战略的先决条件是我们中国人直得起直不起腰来"。

1996年2月27日，钱学森致信王永志，他的核心观点是"921工程远比我从前参加过的航天任务复杂得多，而且也关系到中国人民和中华人民共和国的威望，只能成功，不可失败"。

参照国务院新闻办公室发表的《中国的和平发展》白皮书可知，中国的核心利益包括：国家主权，国家安全，领土完整，国家统一，中国宪法确立的国家政治制度和社会大局稳定，经济社会可持续发展的基本保障。而"载人航天工程干不干"的决策之所以上升到国家核心利益的伦理高度，正是基于以下两点：其一，维护国家主权安全与现实利益的根本需求是不可动摇的。载人航天技术是冷战时期苏联和美国军备竞赛的产物，最初目的是提高军事威慑能力，保持军备竞赛优势。在这一领域中国虽然起步晚，但必然要出

---

① 朱光亚早期主要从事核物理、原子能技术方面的教学与科学研究工作；1994年，被选聘为首批中国工程院院士，并任中国工程院院长、党组书记；1996年5月，被推举为中国科协名誉主席；1999年1月，任总装备部科技委主任。

于维护国家主权的考虑奋起直追。其二，太空是大国之间展开激烈角逐的舞台，决定一个国家的科技、国防工业、经济等全方位实力。随着世界科技的迅猛发展，人类的生存空间与发展视野不断延伸，国家安全边界得到拓展，利益空间范围得到扩大，宇宙空间的战略意义更加突出，客观上为中国发展载人航天技术持续增添新的需求和动力。

综上，可发现："载人航天工程干不干"之所以会引发全国上下不同的声音，是因为大家分别从工程伦理的技术伦理、利益伦理、责任伦理等不同维度出发，对"干不干"问题进行伦理考量。结合中国载人航天工程的决策背景和工程特点可知，对这类国家重大工程"干不干"的决策，必须也只能以维护国家核心利益为出发点，并在对上述维度进行综合考量的基础上，做出合理的伦理判断。

2. 载人航天工程的总体方案决策

纵观国际，全世界把人送到太空的运载工具不外乎四种，即宇宙飞船、小型航天飞机、航天飞机、空天飞机。四种工具利弊不一、价值各异。中国要干载人航天工程，必须从中选出最适合的作为总体方案[1]。为此,长达7年的论战拉开了序幕。

技术民主

1987年,"863计划"航天技术专家委员会(以下简称专家委员会)下设大型运载火箭及天地往返运输系统专家组[2](简称专家组)。航天专家钱振业被任命为这个专家组的首席科学家,并出任专家组组长,具体负责论证用什么工具把航天员送上天。钱振业一直是主张采用飞船的,但考虑到这一论证任务事关国家的重大决策,同时专家组的成员来自不同单位,意见很难统一,因此决定"先当学生,后当先生",通过投标的方式向全国进行招标,让"前线"专家和技术人员充分发表自己的意见,走技术民主的道路。

招标书一经发出,瞬间激起千层浪,航天工业部、航空工业

---

[1] 作为复杂产品,其开发的关键不是对某种单项技术的掌握,而是综合各种技术的能力,这种"综合"就集中体现在总体方案上。
[2] 1986年3月3日,王大珩、王淦昌、杨嘉墀、陈芳允四位科学家向国家提出要跟踪世界先进水平、发展中国高技术的建议。经过邓小平批示,1986年11月中共中央、国务院发出关于转发《高技术研究发展计划("八六三"计划)纲要》的通知,航天作为七大领域之一,位列其中。为此专家委员会成立,下设两个专家组,一个是大型运载火箭及天地往返运输系统专家组,一个是载人空间站系统及其应用专家组。

部①、国防科工委、中国科学院、总参谋部等60余家单位纷纷应标，2 000名以上专家参与论证。一场纯粹的学术争鸣为各方专家创造了前所未有的自由创新环境。因此，短短两个多月内，就涌现出多种方案，如二级空天飞机、二级火箭飞机、"长城一号"带主动力航天飞机、小型航天飞机、多用途载人飞船等。究竟哪一种方案更适合中国国情？专家组并未急于决策，而是让各单位继续对方案进行论证和完善，再开展下一轮论证。

一年后，专家组再次召开评审会议，邀请全国数十名德高望重、平均年龄超过65岁的资深专家，对修改完成的方案进行评审。会议历经七天七夜。最后，评委们一致认为：二级空天飞机和二级火箭飞机是未来的发展方向，中国目前尚不具备相当的技术基础和投资能力，现在干不太现实；"长城一号"带主动力航天飞机在技术上难度很大，干起来也很困难；唯有小型航天飞机和多用途载人飞船有技术可行性。

为了显示评审结果的公平、公正、公开，会议最后对"机派"与"船派"方案采用打分决胜制。打分结果也极具戏剧性，"机派"与"船派"方案分别获得总分84分、83.69分。微不足道的0.31分差距，显示了专家们对小型航天飞机的青睐。然而到底选择"机派"还是"船派"方案呢？专家组组长钱振业并未在此次会上宣布最后

---

① 航天工业部和航空工业部均成立于1982年；1988年，航天工业部、航空工业部合并组建为航空航天工业部；1993年部委机构精简时撤销航空航天工业部，分别组建航天工业总公司、航空工业总公司。

的结果，而是通知双方代表，再用一年时间，对现有方案做进一步修改、论证。

"机派""船派"之争

"机派"与"船派"能过五关斩六将脱颖而出已是实属不易，但两家的"擂台赛"才刚刚开始。

"机派"团队早在参与竞标前就用了约 10 年时间埋头钻研与跟踪论证。他们不仅拿出了一个结合火箭、卫星与飞机优点的设计方案，还说明航天飞机是技术发展趋势，从航天飞机起步，可以一步跨入国际航天领先水平。同时，他们还计算出这一方案是"花钱少而办大事"，因为航天飞机可重复使用，长期来看，比一次性的运载工具（载人飞船）更经济、更划算。当然，他们也指出载人飞船是 20 多年前的技术了，早晚会被淘汰。

"船派"团队也早在 20 世纪 60 年代就开始跟踪飞船技术，并具备了与飞船返回技术有异曲同工之处的卫星返回技术基础，有利于确保航天员安全返回。同时飞船可实现一船多用，既可以载人，又可以运输货物。将来中国空间站做出来，小巧玲珑的飞船停靠在旁边，可作为轨道救生艇对航天员实施救生、对空间站进行维修，也可作为太空与地球之间往返的交通工具。另外飞船较之航天飞机，研制周期短、成本低、技术相对成熟且可靠，可以更快、更好地完成载人航天工程。

两派争论你来我往、方案各有优劣，专家组迟迟无法抉择。然而中国载人航天事业必须发展，现在也必须上马，如果总体方案无法敲定，那么中国航天梦如何实现？为此，1988年8月，钱振业所领导的专家组反复斟酌后达成共识：中国航天应分为两步走，先研制出多用途飞船满足国家"急需"，再研制两级水平起降的空天飞机满足技术"必需"。

方案上报给专家委员会后，专家委员会内部意见也无法统一。专家委员会有七个专家，其中以王永志为代表的三位专家是"机派"，其余四人是"船派"。开会一表决，"船派"4∶3的比分优势略显微弱。同时，也有专家摇摆不定，因此投票结果在4∶3和3∶4之间来回切换。毕竟两个方案舍弃任何一个都会有遗憾。航天飞机技术先进，但研制周期相应较长，据估算，中国研制航天飞机至少要10年，很有可能要20年。已经落后约30年的中国还有耐心再等吗？研制飞船，周期虽然短，但技术含金量不如航天飞机，做别的国家已经做出的东西，想来心里又略有不甘。

为了确定一个方案，航空航天工业部主管航天的两位副部长决定一起找王永志谈话。王永志时任中国运载火箭技术研究院（简称火箭院）院长，又是专家委员会委员，如果能说服他支持"飞船"方案，问题就迎刃而解。两位副部长开门见山表达了两层意思：第一，中央马上要听取载人航天工程方案的汇报，咱们专家委员会内部首先要达成统一；第二，载人航天工程要早点上马、快点干出来，如果研制航天飞机，时间较长、经费紧张，而研制飞船则难度较低、起步快，也便于组织。王永志听了两位领导的话，虽然也有暂时放弃航天飞机方案的为难和不舍，但转念一想要在 10 年之内送中国人上天，也只有飞船方案可行，先做出飞船再做出航天飞机也未尝不可。

正是"君子和而不同"的胸怀与长远见地，决定了王永志在日后中国载人航天工程中的首任总设计师地位。当然，这都是后话了。眼下值得欣喜的是，内部共识已达成：中国载人航天工程的总体方案从载人飞船起步。航空航天工业部随即在 1988 年 8 月将载人飞船方案上报给中央，中央当即表态：飞船方案年底定。

意出望外，好事多磨

当大家都以为载人航天工程可以顺利推进时，意出望外，到了年底，飞船方案并未获批立项。历史走到这里好像不经意间画下了一个休止符，使中国载人航天工程的论证工作从高潮转入低谷。直到 1989 年底，中央仍在反复思考、权衡之中。其间一些科学家采取迂回战术，或正式呈送组织报告，或私下传递个人书信，或择机口头呼吁，总之纷纷积极反映情况，恳请中央尽快决策。

其中，钱学森先生的"十个字"发挥了至关重要的作用。1989 年 8 月国家航天领导小组接到火箭院高技术论证组的来信，来信表示支持"机派"。理由是"船派"作为天地往返运输手段已经处于衰退阶段，我国若采用此方案，起点过低；而"机派"代表世界发展潮流，具有明显的经济优势，更适合国情。国家航天领导小组准备据此给中央写报告，呈送前特地征询钱老的意见。此时，钱老已很少介入此类"热线"上的工作，但兹事体大，因此非常认真地在报告上写了十个字：应将飞船方案也报中央。这短短一行字，非常清楚地表达了钱老的意见。其实此前钱老已对载人航天工程相关问题有过深入思考和表态。在他看来，决定载人航天工程重新启动的关键，并不在于航天飞机和飞船两个方案哪一个优、哪一个劣，而在于国家经济和技术的实力能承受哪一个。"如果说要搞载人，飞船作为第一步，用简单的办法走一段路，保持发言权，是可以的。"[①] 钱老的观点，全面反映出他对20世纪60年代到80年代载人航天历程的思想认识，并对当时那场旷日持久的论证，从技术上给予了明确的结论。

1991年，时任国务院总理李鹏会见航空航天工业部有关同志，围绕载人飞船的方案论证、发展战略、发射方式、前景作用以及经费预算等方面听取汇报。1992年1月，中央专委[②]从政治、经济、科技、军事等诸多方面考虑，认为立即发展我国的载人航天事业很有必要，从载人飞船起步，在专家委员会和航空航天工业部论证的基础上，再由国防科工委牵头，组织全国有关专家对技术、经济可行

---

① 中国科学院与"两弹一星"纪念馆.打造国之重器 铸造科技丰碑.（2021-07-26）[2022-05-12].https://glory.ucas.ac.cn/index.php?option=com_content&view=article&id=929:2021-07-26-06-32-46&Itemid=110.

② 中央专委是中央专门负责重大科技项目的一个特殊机构，于1962年诞生，曾由周恩来担任主任，领导了"两弹一星"重大项目；后特殊时期中央专委名存实亡，直至李鹏任中央专委主任，中央专委恢复工作。

性继续论证。

随后，载人航天领导小组成立，下设两个大组，即技术经济论证组（工程论证组）和专家评审组，两个大组下面再分设九个小组，即航天组、飞船组、发射组、统计组等，共由200多位专家组成。只要专家们这次拿出一个能让中央认可的方案，载人航天工程便可正式启动，研制经费也就有了保证。但是专家们清楚，国家口袋里就这么多钱，要想通过中央审批，就必须拿出一个花钱不多、效果又好的方案！

1992年6月，经过长达半年的论证，有关中国载人航天工程可行性论证报告终于完成。1992年9月21日，在中央政治局常委会会议上，载人飞船的技术方案得到常委们一致认可，饱受争议的经费问题也在"就是动用国库，把黄金拿出来卖了，也要搞"的定调中形成决议：由中央专委直接领导载人航天工程，国防科工委负责统一组织实施并按阶段安排所需经费。以"921工程"为代号的中国载人航天工程正式上马！至此，长达7年的大论战终于结束，中国载人航天工程以载人飞船工程为起点的总体方案由此确定。

决策冲突中的伦理思想及伦理决策

学术界对于伦理规范在人类社会是否值得应用、如何得到应用的问题思考已久，由此形成不同的伦理思想。根据这些思想的立场可概括为效用论、义务论、契约论和德性论。效用论和义务论分别关注多数群体的利益和责任，可以理解为组织层面的工程伦理思想；而契约论和德性论分别关注工程师个人的权利和品德，可以理解为个人层面的工程伦理思想。

考虑到中国载人航天工程体现的是一个以国家根本利益为出发点的集体决策过程，因此本章重点围绕组织层面的效用论与义务论进行论述与分析。

第一，效用论。效用论的英文为 utility，部分学者也将其译为"功利论"。考虑到"功利"一词在中文里的多种解读，本章用更为中性的"效用论"来诠释。在工程中效用论有两方面含义：一方面，以成本效益分析方法对可供取舍的行动及其可能产生的结果进行比较和权衡，然后把这些结果与替代行为的结果在相同单位上进行比较，以便最大限度地产生好的效应。另一方面，当在特定场合不这么做将产生最大善的时候，这些规则可以修改乃至违背。效用论考量的是大多数人的利益，以行为的结果来判断行为是否符合伦理。

第二，义务论。义务论更关注人们行为的动机，强调行为的出发点要遵循道德的规范，体现义务和责任。义务论者强调，行为是否正当不应该仅依据行为产生好的结果来判定，行为本身也具有道德意义，可以帮助判断行为是否正当。在工程伦理中，康德有关义务、人是目的、对人的尊重和不受个人感情影响的合作的论述在工程伦理中产生了很大的影响，尤其是其责任观念对工程伦理规范的制定发挥了重要的作用。

这一阶段围绕"用什么工具把航天员送上天"的问题,"船派"和"机派"的总体方案各有优劣,舍弃任何一个都会有遗憾,争论背后的工程伦理思想如表6-2所示。

表6-2 "载人航天工程怎么干"争论背后的工程伦理思想

方案	总体方案观点	伦理思想
船派	一船多用,服务空间站。 研制周期短、成本低、技术相对简单、有返回式卫星技术的积累。 更符合国情,可尽快实现送中国人上天的目标。 ——以上方案观点关注决策的结果,即基于成本效益分析发现方案"性价比"高,能快速实现国家"急需"的目标。	效用论
机派	技术含金量高,方案先进,不像载人飞船技术可能会被淘汰。 技术起点高,可以一步跨入国际航天领先水平,提升综合国力、军事实力,不负国民期待。 ——以上方案观点关注决策的行为本身,即激发国家科技自主创新能力、提升国家航天技术先进性的义务和责任。	义务论

当然,"船派"与"机派"的总体方案之争,最终以先做载人飞船的决策而达成一致,即"效用论"主导。究其原因,在这一阶段,国家"急需"在短时间内看到载人航天工程的结果。因此在综合技术积累薄弱、经济实力有限的前提下,选择"船派"更有可能顺利

实现国家战略目标,这也是多方权衡之下的一种最优"妥协"的结果。

首先,面向"载人航天工程怎么干"的决策点,工程目标是确保总体方案最优、局部可适当妥协,具体而言是基于技术、经济一体化考虑,选择合适的航天器,用最经济的办法、在最短的时间内送航天员安全上天再返回。

其次,工程情境包含三方面因素。(1)技术因素:在中国航天技术基础薄弱的情况下,选择国际上技术较为成熟的飞船方案,优点是技术风险低、研制周期短,缺点是易被更先进的技术方案淘汰。(2)经济因素:国家口袋里就这么多钱,无论什么方案都要考虑"花钱少"。(3)政治因素:中央马上要听取载人航天工程方案的汇报,要尽快拿出方案;载人航天工程要早点上马、快点干出来。

再次,工程伦理要解决两个伦理问题。(1)技术伦理方面,需要综合考虑这一伦理问题,即是在技术积累有限的情况下追求先进技术并承担风险,还是选择稳妥技术以确保工程可靠性、安全性;(2)责任伦理方面,需要权衡没有耐心再等很多年才能送中国人安全上天与不甘心做别的国家已经做出的东西二者之间存在的伦理问题。

最后,期望行为包含"船派"方案与"机派"方案。基于工程目标,结合工程情境与工程伦理要求,经过多次论战,航空航天工业部决定从能快速实现载人航天工程目标与技术、经济可行性的角度出发,采用"船派"方案,具体情况如图 6-2 所示。

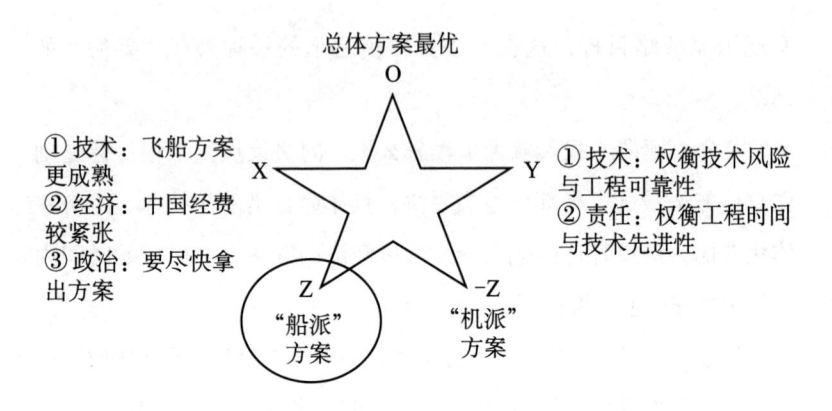

```
                  总体方案最优
                      O
① 技术：飞船方案
   更成熟        X         Y    ① 技术：权衡技术风险
② 经济：中国经费                      与工程可靠性
   较紧张                          ② 责任：权衡工程时间
③ 政治：要尽快拿                       与技术先进性
   出方案       Z      -Z
              "船派"  "机派"
              方案    方案
```

图 6-2 "伦理协同星"化解"载人航天工程怎么干"困境

可见，在总体方案决策中需要化解效用论与义务论的冲突。那么为什么选择效用论呢？基于"伦理协同星"的决策，可归纳原因如下：（1）此时的目标是"急需""迫切"的，即在短时间内送中国人上天。因此为了先"完成"目标，需要妥协局部以服务整体最优。（2）这是立足于总体方案的决策，其关键不是对某种单项技术的掌握，而是综合各种技术的能力。因此要综合技术可行性、可靠性、安全性、经济性等全方位考虑，把握工程的整体性。

3. 载人飞船的技术路线决策

"921工程"的目标是在七八年时间里，用自己研制的火箭、飞船把自己培养的航天员送上天。考虑到载人飞船系统的复杂性，中央决策，先从最难啃也最为重要的、决定天地间往返的载人飞船系统[1]搞起。那么，该由谁来干呢？无论谁干都是为国争光，但实事求是地说，谁干都将会获得一笔不小的经费。于是，中央拍板北京、上海"两地三家"分而干之，让大家都有活干、都有饭吃[2]。干飞船的单位确定后，接下来的问题是：中国到底该设计一艘什么样的飞船？于是，从1992年11月起，专家又围绕飞船的技术构型，进行了一番激烈探讨。

"两舱""三舱"之争

一般来说，飞船的技术构型由它所承担的任务决定。中国载人飞船工程的任务是在确保安全可靠的前提下，选择合适的技术构型以完成以下四项基本任务：突破载人航天基本技术，进行空间对地观测、开展空间科学实验与技术试验，提供初期的天地往返运输器，为载人空间站工程大系统积累经验。根据上述任务，专家们在飞船

---

[1] 载人飞船系统是载人飞船工程的核心系统。它的功能是将航天员安全地送入近地轨道，支持载荷开展的相关试验，进行适量的对地观测及科学实验，并使航天员安全返回地面。
[2] 中国空间技术研究院承担飞船的总体设计和总装任务，火箭院承担长征二号F运载火箭任务，上海航天技术研究院承担飞船的推进舱和飞船的三个分系统任务。

立项论证中提出多种构型方案,最后锁定为两种方案:

方案1是两舱设计方案,即飞船只包括推进舱①与返回舱②。当时美国的载人飞船就是两舱设计。这样的设计不仅为航天员提供了一个较大的、舒适的返回舱,而且一旦飞船发生危险,逃逸火箭只需带着返回舱逃走,技术难度小,安全性更高。

方案2是三舱设计方案,即飞船除了包括推进舱、返回舱,还要设计一个轨道舱③。当时第三代飞船联盟-TM飞船就是三舱设计。中国提出的三舱设计是在联盟-TM飞船方案基础上优化而来的,即中国飞船的轨道舱包括附加段④,既能为航天员工作、生活提供一个多功能厅,还能为今后的空间探测、空间站交会对接做准备。相较于联盟号飞船进入大气层后,轨道舱和推进舱都被烧毁,只有中间坐人的返回舱回到地面,中国的轨道舱可以留在天上,继续飞行。这就相当于发射了一颗科学实验卫星,具有留轨利用能力,可以作为天地往返运输工具,为我国下一步探索空间站提前进行交会对接的试验打基础。同时这也是经济性的体现,中国做一次交会对接试验,只需发射一艘飞船(花费大概8亿元

---

① 推进舱又叫仪器舱或设备舱,安装推进系统、电源、轨道制动,并为航天员提供氧气和水。
② 返回舱又称座舱,是飞船的指挥控制中心、航天员的"驾驶室",是航天员往返太空时乘坐的舱段。
③ 轨道舱被称为"多功能厅",是飞船进入轨道后航天员工作、生活的场所。
④ 附加段是为将来与另一艘飞船或空间站交会对接做准备用的,在载人飞行及交会对接前,也可以安装各种仪器用于空间探测。

人民币），随着对接试验做得越多，发射的飞船就越少，也就越省钱。这样的产品一经问世必然能够在同类产品中处于世界先进水平。

专家们围绕上"两舱"还是"三舱"的问题迟迟争执不下：有的专家认为方案 1 技术可行性更高，便于大气层内救生，而方案 2 在大气层内救生时要带走两个舱段，增加了逃逸的重量和机构以及动作复杂性，相关技术有待突破。有的专家则认为方案 2 的关键技术是可以通过攻关按时完成的，但是方案 1 由于没有轨道舱，需要将更多的食物、饮水和应用系统的有效载荷放在返回舱中，因此返回舱要做得比三舱方案的返回舱直径更大、质量更大。大直径、大质量不仅给返回舱的回收着陆带来更大困难，而且不能实现轨道舱留轨利用的任务。

几番论战后，几位大专家各持己见，谁也说服不了谁，两派陷入僵局。于是航空航天工业部决定让五位核心专家组成一个专家小组，由任新民院士当组长，投票表决。任新民表示：三比二胜，你们定了搞什么就搞什么！结果却戏剧化地出现了二比二的情况，任新民一看出现平局，感到事情复杂了，自己这一票很关键，但也很难表态。而任新民没有当场表态则急坏了王永志。当晚，王永志找到任新民希望争取他的一票，最终任新民将这一票投给了三舱方案。由此，中国飞船最终定为技术含金量高的三舱方案。

事实证明，三舱方案是一个在确保安全可靠前提下能较好完成四项基本任务的方案。这也为我国载人飞船乃至载人航天工程的长远发展，确定了技术路线。

三步走向日月星辰

三舱方案确定以后，中国载人航天工程的蓝图按照"三步走"的发展战略徐徐展开。

1992年9月，中央决策实施载人航天工程，并确定了我国载人航天"三步走"的发展战略。第一步，发射载人飞船，建成初步配套的试验性载人飞船工程，开展空间应用实验；第二步，突破航天员出舱活动技术、空间飞行器交会对接技术，发射空间实验室，解决有一定规模的、短期有人照料的空间应用问题；第三步，建造空间站，解决有较大规模的、长期有人照料的空间应用问题。

工程前期通过实施四次无人飞行任务，以及神舟五号、神舟六号载人飞行任务，突破和掌握了载人天地往返技术，使我国成为第三个具有独立开展载人航天活动能力的国家，实现了工程第一步任务目标。通过实施神舟七号飞行任务，以及天宫一号与神舟八号、神舟九号、神舟十号交会对接任务，突破和掌握了航天员出舱活动技术与空间交会对接技术，建成我国首个试验性空间实验室，标志着工程第二步第一阶段任务全面完成。

2010年，中央批准载人空间站工程立项，分为空间实验室任务和空间站任务两个阶段实施。

空间实验室阶段主要任务是：突破和掌握货物运输、航天员中长期驻留、推进剂补加、地面长时间任务支持和保障等技术,开展空间科学实验与技术试验,为空间站建造和运营奠定基础、积累经验。通过实施长征七号首飞任务,以及天宫二号与神舟十一号、天舟一号交会对接等任务,工程第二步任务目标全部完成。

空间站阶段的主要任务是:建成和运营我国近地载人空间站,掌握近地空间长期载人飞行技术,具备长期开展近地空间有人参与科学实验、技术试验和综合开发利用太空资源能力。通过实施长征五号B运载火箭首飞,天和核心舱、问天实验舱、梦天实验舱,4艘载人飞船及4艘货运飞船共12次飞行任务,中国空间站于2022年底全面建成,工程随即转入应用与发展阶段,全面实现了载人航天工程"三步走"发展战略目标。

我国突破和掌握了载人天地往返、空间出舱和交会对接等载人航天基本技术,验证了货物运输和推进剂在轨补加,以及航天员中期驻留等空间站建造和运营的关键技术。特别是三舱一段式的载人飞船总体设计,以高技术起点和强工程适用性,为飞船的功能优化、型号迭代以及空间科学和技术的探索提供了无限可能。

如今,中国航天已正式迈进第三步"空间站时代",致力于打造一个长期在轨的国家太空实验室和面向国际社会的、开放的科技合作平台。中国空间站初期建造三个舱段,包括一个核心舱(天和)和两个实验舱(问天和梦天)。核心舱前端设两个对接口,接纳载人飞船(神舟系列)对接和停靠;后端设后向对接口,用于货运飞船(天舟系列)停靠补给。上述五个模块既是独立的飞行器,具备独立的飞行能力，又可以与核心舱组合成多种形态，共同完成空间站的各项任务。总体来看，中国空间站建设虽然起步较晚，但在规模适度、技术先进、功能齐全、宜居性等方面，以及动力技术、能源技术、信息技术等领域，都具有明显优势。同时中国空间站具备扩展能力，在运营阶段，将可以根据科学研究的需要增加新的舱段，扩展规模和应用能力。

在国际空间站可能面临到期退役的背景下，中国空间站以向世界敞开合作大门的方式，彰显了太空治理中的中国责任与担当，也吸引了众多国家申请加入。截至2019年，包括美国在内的27个国家申请参与中国空间站合作，最终有17个国家的9个项目入选。这不仅标志着中国载人航天工程取得的重大突破被载入史册，也昭示了长达60余年的中国航天事业[①]从独立自主发展迈向全球合作新时代。可以预见，随着中国空间站的建成，在人类和平利用太空、研究宇宙演化过程、推动前沿科学研究等方面，我国将会不断发挥出中国力量。

空间站作为人类开展太空探索的前哨阵地，至今已经经历了半个多世纪的发展历程，人类空间站也已演化四代。"新技术比重大"成了中国空间站的一大特色，能够完成的事情完全不输于国际空间站。中国空间站构型原则包含三方面：第一，适配天地环境；第二，满足功能性能要求；第三，保障重要设备在轨工作。相信在不久的

---

① 目前公认1956年是中国航天事业的起点，详见 https://www.cnsa.gov.cn/n6758823/n6758838/c6807798/content.html。

将来，中国航天人将会走向深空，踏上探索日月星辰的新征途。

载人飞船技术决策中的伦理

在"载人飞船系统怎么干"的决策冲突中体现了哪些不同的伦理思想？这一阶段围绕载人飞船的技术构型问题，最终收敛于"两舱"和"三舱"的技术路线争论，争论背后的工程伦理思想如表6-3所示。

表6-3 "载人飞船系统怎么干"争论背后的工程伦理思想

方案	方案观点	伦理思想
两舱	技术可行性较高，有成熟技术方案，低成本、低效益、快回报。 ——以上方案观点关注决策的结果，即基于成本效益分析确定两舱方案可以低成本在短时间内看到短期回报。	效用论
三舱	具有留轨利用能力，可以作为天地往返运输工具，为我国下一步探索空间站提前进行交会对接的试验打基础。 较高的技术起点可以使我国航天水平一步跃至世界先进行列，为国防安全、技术进步、人类文明做出较大贡献。 ——以上方案观点关注决策行为本身，即从推动航天技术优化升级和服务国家长期战略的义务与责任角度出发。	义务论

当然，"两舱"与"三舱"的技术路线之争最终以选择"三舱"设计而达成统一，即"义务论"主导。究其原因：在这一阶段国家

"必须"攻克关键核心技术，提升载人飞船制造水平，同时通过构建一个高水平多功能的飞船构型，为未来航天器的迭代优化提供无限可能。因此综合航天技术长远发展与留轨能力的"技术必需"考虑，国家选择了"三舱"设计这一技术起点高、工程适用性强的技术路线。

首先，面向"载人飞船系统怎么干"的决策点，工程目标是追求关键技术的先进性与长远性——基于"三步走"发展战略，统筹考虑飞船的任务定位与技术升级，确定构型设计。

其次，工程情境包含三方面因素。（1）战略因素：中国载人航天工程决定以载人飞船为起点，分三步走建成空间站。所以飞船的构型设计要能服务于空间站的交会对接试验。（2）技术因素：两舱的构型设计是国际上较为成熟安全的方案，技术难度小，易实现；三舱的构型设计还存在关键技术亟待突破。（3）经济因素：饱受争议的经费问题也在"就是动用国库，把黄金拿出来卖了，也要搞"的定调中得以化解，国家全力支持"921工程"。

再次，工程伦理要解决两个伦理问题。（1）技术伦理问题与上一阶段基本一致；（2）责任伦理方面，需要综合考虑这一伦理问题，即是以两舱构型这种低成本、短周期的简单设计尽快给国家和人民一个交代，还是发力突破三舱一段式设计为我国空间科学和航天技术长足发展负责。

最后，期望行为包含"两舱"方案与"三舱"方案。基于工程目标，结合工程情境与工程伦理要求，经过多次论战，航空航天工业部从载人飞船的迭代、空间技术的突破与中国载人航天工程长远发展的角度出发，决定采用"三舱"方案，具体情况如图 6-3 所示。

关键技术的先进性与长远性
O

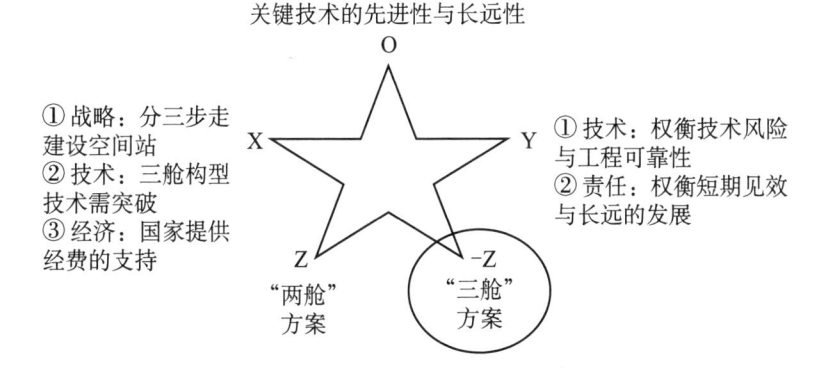

① 战略：分三步走
建设空间站
② 技术：三舱构型
技术需突破
③ 经济：国家提供
经费的支持

X

Y

① 技术：权衡技术风险
与工程可靠性
② 责任：权衡短期见效
与长远的发展

Z "两舱"方案
-Z "三舱"方案

图 6-3　"伦理协同星"化解"载人飞船系统怎么干"困境

可见，在技术路线决策中也需要化解效用论与义务论的冲突。那么此时的决策为什么又选择义务论呢？基于"伦理协同星"的决策，可归纳原因如下：（1）此时的目标已非"迫切""急需"，而为"必需"，即立足"三步走"发展战略，确定整个战略中所必需的技术路线。可见这一路线致力于"完善"整个载人航天工程总目标。（2）这一决策是站在技术路线上的选择，其关键不是为了仅仅满足短期目标，更重要的是以高技术起点和强工程适用性，为飞船的功能优化、型号迭代以及空间科学和技术的探索提供无限可能，因此需要把握关键技术的先进性与长远性。

4. 适合国情的重大工程决策伦理

中国载人航天工程作为国家重大工程，不干不行，干不好也不行，因循守旧、夜郎自大不行，急功近利、操之过急也不行。值得骄傲的是，经过不断权衡、探索，中国走出了一条适合国情的重大工程决策路线，实现了"和而不同"的平衡与统一。

正是在一次又一次对的决策下，2022 年，中国载人航天工程迎来"三步走"发展战略的收官之年，兑现了建成中国空间站的庄严承诺。在这一年，我国实施 6 次发射任务，全面建成了以天和核心舱为控制中心、以问天实验舱和梦天实验舱为平台、长期有人照料的空间站。在如此有限的时间内，完成如此艰巨的任务，中国载人航天工程面临哪些伦理考量呢？另外，《2021 中国的航天》白皮书为未来 5 年中国航天发展"画了不少重点"，如实施探月工程四期、木星系探测、研制发射新一代载人运载火箭……在航天的高速赛道上，中国又该如何保持优势高质量发展呢？

"特别能吃苦、特别能战斗、特别能攻关、特别能奉献"的载人航天精神，作为我国载人航天事业取得成功的不竭动力，激励着广大航天工作者、决策者。同时习近平总书记的寄语"为推动世界航天事业发展继续努力，为人类和平利用太空、推动构建人类命运共同体贡献更多中国智慧、中国方案、中国力量"也久久萦绕在大家耳畔，引人深思……

基于中国传统文化"和"的思想，结合复杂系统管理思想在航天复杂系统工程中的应用,可以从伦理思想的"和"、重大工程的"和"以及国家核心利益的"和"等三方面对具有中国特色的"和而不同"伦理思想予以诠释。

从中国传统文化看伦理思想的"和而不同"

从中国传统文化来看,"和"与"同"是先秦时期两个重要的哲学概念。孔子说:"君子和而不同,小人同而不和。"(《论语·子路》)"和而不同"是孔子理想人格的一个重要标准。和与同的区别,在于是否承认原则性和差异性。承认差异,有差异性的统一才是"和"。"和而不同"被公认是典型的中国哲学智慧。"和而不同"的文化心态反映了一个国家、一个民族甚至一个时代的包容性和开放性,是文化发展和繁荣的必不可少的保证,也是新的历史发展时期处理好各种文化关系的理论依据。

"载人航天工程怎么干"与"载人飞船系统怎么干"的争论背后,是义务论、效用论等多个伦理思想的交织,且这些伦理思想的主导作用存在动态性,比如在上一阶段以效用论为主导,到了下一阶段就转变为以义务论为主导。可见载人航天工程的长足发展离不开这些思想的交融、碰撞乃至新生。究其思想之根本,即为"和",如图6-4所示。海纳百川,有容乃大,这也是中华文明延续五千年而不断的重要原因。在几千年的文明发展史上,虽然也有过诸如中西相争等分歧,但每次争论都是一种百家争鸣,每次结果都是不同思想之间的相互融合，最终促成了中华文明的兼收并蓄、博大精深。载人航天工程的"三步走"发展战略也正是在持久的论战中，集成"现在派"与"将来派"、"机派"与"船派"、"两舱"与"三舱"的优势形成了"和而不同，各美其美，美人之美，美美与共"的和谐局面。

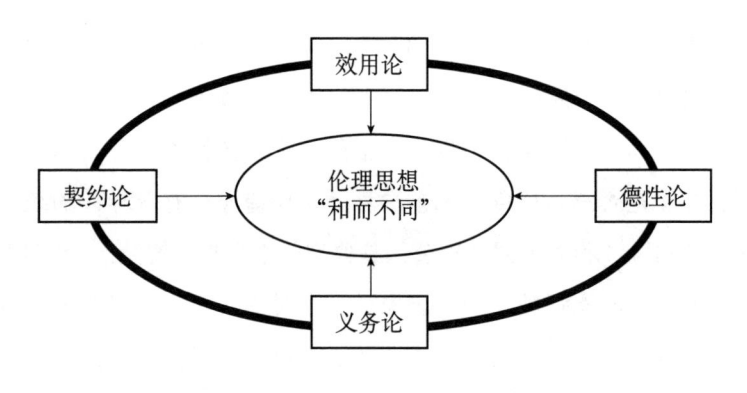

图 6-4 伦理思想的"和"

从复杂系统管理思想看重大工程的"和而不同"

基于复杂系统管理思想提炼适合国情的重大工程决策伦理思想具有一定可行性与必要性。究其原因，复杂系统管理思想源于钱学森的复杂系统思维与范式，即在复杂系统的认知范式、方法论及核心知识架构基础上，通过复杂系统与管理科学融合而形成的对复杂社会经济重大工程系统中一类"复杂整体性"问题的管理实践活动。在学术上,它是关于复杂整体性问题管理知识逻辑化与系统化的科学体系,体现了研究问题的物理复杂性、系统复杂性与管理复杂性的完整性和融通性,具有重要的现实意义与鲜明的中国特色。同时,复杂系统管理又是国际学术界广泛关注的重大科学议题,具有重要的学术引领性、前沿性、交叉性与厚重感。

钱学森的复杂系统学术思想、科学建树与实践贡献已成为我国复杂系统管理学术体系的内核与底蕴。钱学森以复杂系统的复杂整体性来界定和辨识复杂系统管理中的"复杂性",确立了实践中的复杂问题、系统空间中的复杂性问题以及管理空间中的复杂整体性问题之间的学理同一性。同时钱学森以他从事数十年重大航天工程实践为基础,创新性地将整体论与还原论统一在一起,提出了认识、分析和解决复杂系统管理问题的综合集成方法体系。该体系要求从系统整体出发将系统进行分解,通过系统论的优势既要把管理对象的复杂整体性显现出来,还要把管理对象的复杂性驾驭住,再综合集成到系统整体,最终从整体上研究和解决问题。

重大工程决策活动中有一类关系到工程建设全局性、战略性、整体性意义的核心决策问题,这类决策问题一旦出现失误将对国家安全和社会经济发展造成严重影响,必须认真对待和解决好。根据复杂系统管理主要研究"复杂社会经济重大工程系统中一类'复杂整体性问题'"的基本学理,具有中国特色的复杂系统管理将成为我国重大工程决策管理领域一类新的思维范式、实践范式与研究范式。

基于载人航天工程的复杂性、整体性特征,以及结合钱学森对此所凝练出的整体论与还原论相统一的复杂系统管理思想,可归纳中国载人航天工程中的"和而不同"伦理思想:其一,从整体还原到局部,侧重于"和而不同"中的"不同"。"载人航天工程怎么干"决策阶段前期通过走技术民主之路,挖掘不同设计方案的特点,为工程师们充分表达思想提供平等开放的环境。其二,从局部集成到整体,侧重于"和而不同"中的"和"。"载人航天工程怎么干"与"载人飞船系统怎么干"最终都实现了对众多方案的整合、兼容并蓄,站在国家层面结合短期目标与长期规划,确定总体方案与技术路线。

提炼立足国家核心利益的"和而不同"

回顾载人航天工程的决策过程可以发现,之所以能持续地化解决策中的伦理困境,是因为将维护国家核心利益的目标贯穿"发散—收敛—再发散—再收敛"的多轮决策始终。以国家核心利益为"和",统领不同决策阶段,从而降低决策复杂程度,化解伦理困境(见图6-5)。

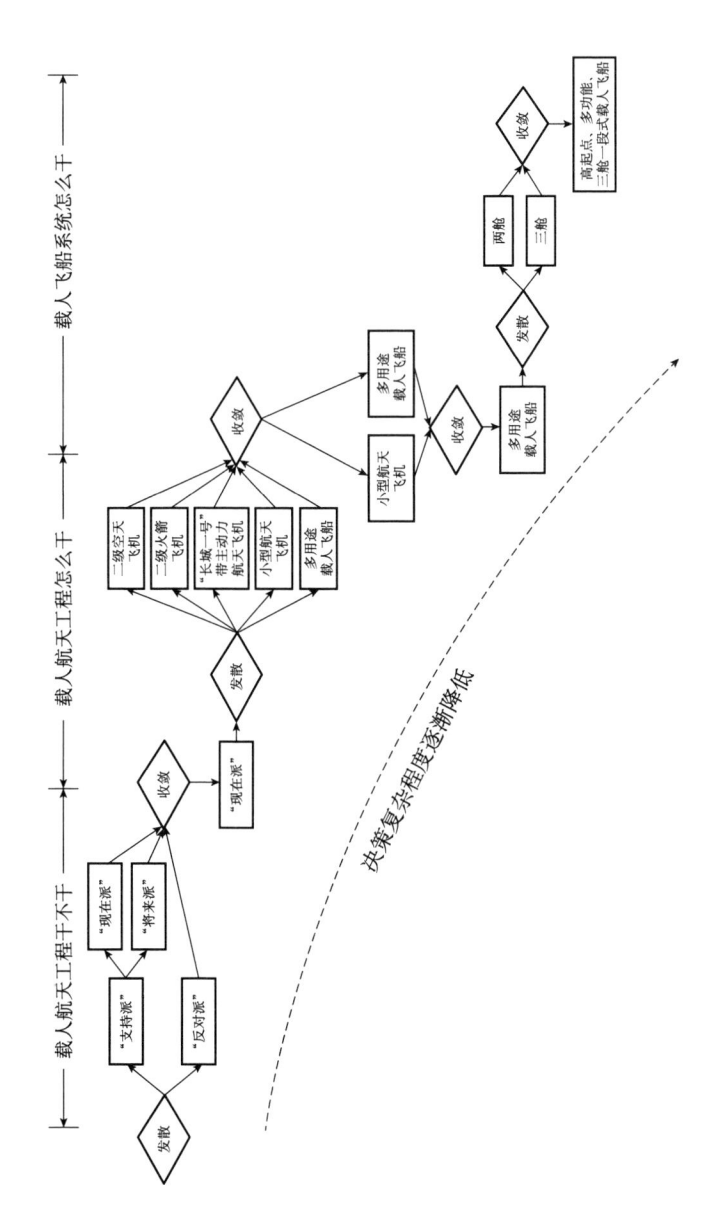

图 6-5 载人航天工程决策流程

"发散"形成的"不同"有利于发挥举国体制的优势。一方面可以激发决策动机,加速伦理困境的化解进程;另一方面可以使决策过程充满张力,为化解伦理困境提供多种行为依据、工程情境等。如举国上下围绕"载人航天工程干不干"的热烈争论,"不仅唤起了专家们对载人飞船的回忆,也让大家对中国载人航天的未来产生了期许",最终促使国家将休眠约10年的载人航天工程纳入"863计划"。而"收敛"形成的"同"则有利于提高决策效率,本质上是决策主体出于对国家核心利益的维护而做出的正当性伦理选择。

正如王永志所做所感:前期作为"机派"代表根植于航天飞机研究10余年,个人从高技术性、经济性等方面坚持该方案,然而当他站在航空航天工业部乃至国家层面再做决策时,考虑到当时国家底子薄、基础差,对于载人航天成果需求又有迫切性,所以最终选择了"船派";后期作为总师在"两舱"还是"三舱"的决策中,又一次站在国家长远发展的角度支持了"三舱"。由此反映出其独立思考而不盲从,且适当"妥协"而以国家利益至上的"和"的思想。可见,伦理思想的"和"与重大工程的"和",最终都要"和"到维护国家核心利益上。

只有一组"发散—收敛"还不足以真正实现"和而不同",唯有多轮决策的循环,才能在维护国家核心利益的基础上,平衡技术与经济、效用与义务,满足当下"急需"与未来"必需"。如"机派"和"船派"之争,如钱学森所说,其关键并不在于两个方案孰优孰劣，而是国家经济和技术的实力能承受哪一种。综合考虑后有了以载人飞船为起点的总体方案，以满足10年内送中国人上天的"急需"。而"两舱"和"三舱"之争，不仅需要考虑当下的资源集约性，更需要放眼未来，考虑飞船的功能优化、型号迭代以及空间科学和技术的探索。因此国家最终选择了以三舱设计为基础的技术路线，以满足未来20余年轨道舱留轨利用的"必需"。如此多轮决策，张弛有度，方能持续突破伦理困境，走向日月星辰。

在中国进入新发展阶段、构建新发展格局的当下，工程活动的多样性、风险性和复杂性与日俱增；在多元价值诉求之下，工程伦理规范也面临着与时俱进的挑战和压力。此时工程决策主体唯有结合工程在不同阶段所侧重的伦理问题，基于恰当的伦理思想进行动态决策；在尊重工程特色的基础上，统筹兼顾工程短期、长期目标。简而言之，就是要在中华文化的涵养下，厚植和而不同、求同存异的思想与能力。

中华民族是最早怀有"飞天梦"的民族，两千多年前中国就有"嫦娥奔月"的浪漫神话。从古至今，人类一直在不断地探索宇宙的奥秘。发展航天事业，建设航天强国，是我国不懈追求的航天梦想。载人航天事业的成就，充分展示了伟大的中国道路、中国精神、中国力量。习近平总书记曾指出："探索浩瀚宇宙，发展航天事业，建设航天强国，是我们不懈追求的航天梦。经过几代航天人的接续奋斗，我国航天事业创造了以'两弹一星'、载人航天、月球探测为代表的辉煌成就，走出了一条自力更生、自主创新的发展道路，积淀了深厚博大的航天精神。"[①]

　　站在"两个一百年"奋斗目标历史交汇点上，回顾中国载人航天工程的决策过程、发展历程具有重大意义，本章从"载人航天精神新时代内涵"和"重大工程与国家间关系"两个层面总结升华。

　　首先，认识载人航天精神新时代内涵。载人航天精神的内涵是"特别能吃苦、特别能战斗、特别能攻关、特别能奉献"。当前中国正经历百年未有之大变局，在外部环境不断变化的过程中，在不同时代、不同决策阶段中，载人航天精神在其核心要义的基础上具有不同的诠释。当代青年，应学习载人航天精神，发挥其核心要义的指导作用，并将其运用在实践中。同时，我们应铭记中国载人航天事业发展历史，弘扬载人航天精神，做新时代中崇尚科学、探索未知、敢于创新的新青年，为实现中华民族伟大复兴的中国梦不断奋斗。

　　其次，提升重大工程与国家间关系的认知。重大工程"功在当代、利在千秋"，通过中国载人航天工程决策过程可以看到，在决定载人航天工程"干不干"时，我们虽面临诸多伦理困境，但核心目标是维护国家核心利益。国家是人民的国家，人民是国家的主人，二者不可分而谈之，因此，维护国家利益就是维护人民的利益。载人航天工程具有其特殊性，相较于一般工程，载人航天工程作为一个复杂系统，其中更凸显了工程的技术伦理问题、利益伦理问题、

---

① 坚持创新驱动发展勇攀科技高峰 谱写中国航天事业新篇章.人民日报，2016-04-25（1）.

责任伦理问题。基于中国载人航天工程"和而不同"的决策逻辑、伦理困境化解之道，从载人航天工程引申至重大工程实践与相关实践，可知新时代中的重大实践应面向国家重大需求、服务国家重大战略，关于工程是否启动的问题应以国家核心利益为首要目标，维护国家与人民的利益，与国家、人民一道，向新时代的新目标不断迈进。

参考文献

李正风，丛杭青，王前，等.工程伦理.2版.北京：清华大学出版社，2019.

钱学森.再谈开放的复杂巨系统.模式识别与人工智能，1991（1）.

钱学森.再谈系统科学的体系.系统工程理论与实践，1981（1）.

盛昭瀚，梁茹.基于复杂系统管理的重大工程核心决策范式研究：以我国典型长大桥梁工程决策为例.管理世界，2022，38（3）.

第七章
中国载人航天工程：技术进步的系统架构二元性*

"上天有神舟、追风有高铁、入地有盾构。""神舟"，意为"神奇的天河之舟"，寓意美好，是中国航天员进入太空的往返飞行工具载人飞船的名字。中国航天员乘坐神舟飞船进入太空，在浩瀚星空中搭建的中国空间站开展了一系列引领人类未来的科学实验。

中国载人航天工程起步于 1992 年 9 月 21 日，中央政治局常委会会议集体审议中央专委提交的《关于开展我国载人飞船工程研制的请示》，正式批准中国载人航天工程立项，并要求像当年抓"两弹

---

* 本章内容源自即将发表的论文《技术进步中的系统架构二元性研究——以中国载人航天工程为例》，作者为欧阳桃花、郑舒文、曾德麟、张凤。

一星"一样抓载人航天工程。中国载人航天工程正式启动以来，取得了载人飞船的技术进步，实现了从短期空间实验室到全面空间站时代的辉煌成就。2019年6月12日，中国从包括美国在内的27个国家申请中，批准了17个国家的9个项目入选中国空间站国际合作项目。这不仅标志着中国载人航天工程取得的重大突破被载入史册，也昭示了长达60余年的中国航天事业从独立自主发展迈向全球合作新时代。

20世纪末，中国载人航天技术与美苏存在显著的代差。早在1961年，苏联和美国就将自己的宇航员送入了太空[1]，而中国则晚至42年之后的2003年[2]。此外，中国启动载人航天工程时，中美两国存在巨大的经济差距。中国载人航天工程就是在这样的条件下，实现了重大技术突破，取得了如"两弹一星"一样的成就，成为世界公认的航天技术强家。据统计，中国载人航天工程共获得国家科学技术进步奖特等奖2项、一等奖1项，省部级科学技术进步奖677项，专利4 000余项。这些技术切实带来了国家科技重大进步和国际竞争力的显著提升，也保障了中国载人航天工程30年厚积薄发、行稳

---

[1] 1961年4月12日，苏联宇航员加加林乘坐东方一号载人飞船遨游太空。1961年5月5日，美国发射水星三号载人飞船，将美国第一个宇航员艾伦·谢波德送上了186公里的高空。
[2] 北京时间2003年10月15日9时整，神舟五号飞船搭载航天员杨利伟于酒泉卫星发射中心发射升空，在轨飞行14圈、历时21小时23分后顺利返回。其飞行任务的圆满成功，标志着中国成为世界上继苏联和美国之后第三个独立掌握载人航天技术的国家。

致远。

但是,上述现象并未得到管理学界的足够重视与充分诠释。关于技术进步的经典模型研究有两类:一类研究以大规模制成品为研究对象,认为技术引进或合作是后发国家技术进步的关键路径,这显然不适用于遭遇技术遏制的中国"国之重器"——载人航天工程的技术突破。还有一类研究则强调,坚持自主创新的政策导向才能实现重大复杂技术进步,进而提到领导人的意志、科技人员的献身精神、领导重大任务的特殊机构等条件。但上述两类研究结论,不能解释下列现象:为什么中国多数的产业政策都有鲜明的自主创新导向,却依然存在一些尚未完全突破的关键技术,如芯片技术、航空发动机技术等?中国载人航天工程为什么取得了巨大的创新成就?

1. 架构与节奏

据此,本章将围绕"中国载人航天工程'如何'与'为什么'能持续突破关键技术"这一主题,重点梳理中国载人航天工程的历史过程与关键事件,旨在以"国之重器"技术进步的实际问题为导向,识别决定"国之重器"技术进步路径的行为特征、关键变量及其必要条件,将中国"国之重器"的技术进步实践经验上升为严谨科学的中国特色管理学理论。具体思路如下:

首先，分析中国载人航天工程的初始技术架构选择及其背后考量。这一问题之所以重要，是因为"国之重器"总体方案具有全局性与不可逆性。中国航天系统工程是集科学层面的理论问题、技术层面的开发问题、工程层面的产品问题于一体的复杂系统。复杂系统的技术进步比一般项目的技术进步更具复杂性、挑战性、风险性。20世纪90年代初，国内对载人航天工程的技术知识积累极其匮乏，同时又遭遇西方技术封锁。在此背景下，中国载人航天工程是如何选择技术路线及其初始技术架构的呢？

其次，探究中国载人航天工程找到创新节奏，并跨越复杂技术鸿沟，实现持续迭代创新的过程。复杂产品（工程）的技术鸿沟之所以成为后发者技术进步难以逾越的障碍，是因为复杂技术系统具有多层性，不同层级中都存在各自独特又彼此关联的挑战。20世纪50年代，刚归国不久的钱学森从系统思想出发，提出了要发展航天航空事业首先要建设总体部的思路。总体部作为型号的抓总单位，负责工程型号的总体设计和对参研单位的总体指挥。本章按照上述逻辑，运用整体论与还原论相结合的思路，把复杂技术系统动态分为总体系统（载人航天工程）与关键系统（神舟飞船、空间站系统等）两个层级。那么这两个层级及层级内部是以怎样的创新节奏联结互动，并实现技术持续突破的呢？

最后，归纳中国载人航天工程得以实现重大关键技术持续进步的原因。这需要基于国际大背景来思考：自美苏争霸加剧太空军事化以来，20世纪80年代开始世界其他国家为维护国家安全及国际地位，都在重新规划自己的航天发展计划。例如，1985年法国总统提出建立"技术欧洲"的尤里卡计划，并支持通过研制小型航天飞机来发展载人航天工程。同年，日本也提出了今后十年科学技术振兴政策，加紧研制大型运载火箭，悄然启动小型航天飞机研制。英国、联邦德国也启动了相关航天飞机工程。但上述国家至今仍未完成载人航天工程。而起步较晚的中国却成了继美苏之后第三个突破载人航天技术的国家。那么，技术与经济并不具备优势的中国载人航天工程为什么能够脱颖而出？其背后又蕴含着什么样的学理逻辑呢？

总之，本章聚焦中国载人航天工程技术进步的管理实践，主要探讨以中国载人航天工程为代表的"国之重器"技术进步究竟如何产生，及其背后蕴含着的学理逻辑与有效性条件。本章的价值在于，聚焦基础相对薄弱而又受到西方技术封锁的"国之重器"关键技术突破的案例开展研究，从学理层面揭示其实现技术进步的独特机理。这对中国实现科技自立自强、高质量发展具有重要的理论价值与实践意义。

2. 走进载人航天工程

所谓载人航天工程，是指人类乘坐宇宙飞船（机）冲出大气层到外层空间的航行活动，或称宇宙航行，包括环绕地球的飞行、飞往月球或太阳系内其他星体的航行（如月球探测、火星探测）和飞出太阳系的星际航行以及在太空建设空间站。开展载人航天工程研究的意义，不仅仅在于科技的探索与太空资源的开发，更有可能或正在带来一场工业革命，从而促使地球文明发展为太阳系文明成为可能。

世界载人航天工程的技术发展

从 1961 年加加林进入太空至今的 60 余年间，世界载人航天工程不断实现技术发展和突破。从宇宙飞船到航天飞机，从国际空间站的建立到星际探索的深入，人类继续向着浩瀚星空前进。

将宇航员送上天并安全返回是载人航天技术的重大突破。在 20 世纪 50—70 年代美苏争夺世界霸权的"太空竞赛"中，苏联首先拉开了载人航天的序幕。在掌握了载人飞船顺利返回和生命保障技术后，1961 年 4 月 12 日，苏联成功发射东方一号载人飞船并将世界首位宇航员——加加林送入太空。之后，苏联又连续发射了 5 艘东方号载人飞船。1963 年 6 月 16 日，捷列什科娃乘坐东方六号载人飞船进入太空，成为人类历史上第一位进入太空的女宇航员。之后的上升号飞船又实现了多人承载和舱外活动任务。随后，苏联又设计了联盟号飞船，实现了飞船的交会对接和轨道停泊技术的突破。

与此同时，美国在 1958 年 10 月 1 日设立了国家航空航天局，致力于将宇航员第一个送入太空的水星计划应运而生。经过多轮动物飞行试验后，1961年5月5日，艾伦·谢泼德乘坐水星三号飞船成功实现亚轨道[①]飞行。1962年2月20日，约翰·格伦乘坐着水星六号飞船成功进入地球轨道。1961年11月，美国启动双子星座计划，目标是提升宇航员的长时间飞行、舱外活动能力和研究载人登月技术，这为阿波罗计划[②]奠定了基础。1966年3月16日，双子星座八号飞船成功与目标飞行器实现交会对接，这是人类历史上首次空间交会对接。

从20世纪70年代起，苏联将载人航天工程重心转向空间站开发，经历了三个阶段。第一个阶段是建立试验性空间站，但是礼炮一号空间站到礼炮五号空间站的技术性能较为基础，一次只能对接一艘飞船，且不具备燃料加注功能。第二个阶段是建立简易空间站，礼炮六号空间站和礼炮七号空间站的技术性能得到提升，可以进行燃料补给，停驻时间加长，且对接飞船数量上升至两艘。第三个阶段是建立永久性载人空间站，苏联在20世纪80年代发射的和平号空间站是由核心舱、物理舱和货船等构成的轨道组合体，可以实现载人常驻的目标。作为世界上首个多舱空间站，为12个国家提供了服务，累计进行了两万余次科学实验。2001年3月23日，运行了15年的和平号空间站在宇航员全部撤离的情况下正式退役。

---

① 亚轨道一般是指距地面20~100公里的空域，处于现有飞机的最高飞行高度和卫星的最低轨道高度之间，也称为临近空间或空天过渡区。
② 该计划是美国国家航空航天局1961—1972年从事的一系列载人航天任务，在20世纪60年代的10年中，主要致力于完成载人登陆月球和安全返回地球的目标。

美国在航天飞机领域开展了探索。20世纪70年代，世界其他国家尚处在载人航天工程的"入门"阶段，美国却凭借前期"频繁发射"所形成的技术积累，迅速转入了对载人航天技术的应用探索阶段。1972年开始，美国航天工程的重心转向了航天飞机的研制。1973年5月14日，美国的第一个空间站——天空实验室成功发射升空，但由于美国国家航空航天局对其潜在价值评价不高，故没有将其作为重要的发展方向。美国更看重航天飞机的潜在优点，如用途较广、可满足收回卫星与运输人员和物资等需求、能够多次使用、可降低成本等。1981年4月，世界第一艘正式投入使用的航天飞机——哥伦比亚号发射成功。之后的30年间，美国利用航天飞机完成了多项科学实验，维修和部署了多个航天器，为国际空间站提供了服务，其中将哈勃空间望远镜发射升空是其最突出的成就之一。随着计划的推行，许多问题也开始逐渐暴露，如航天飞机的安全性和稳定性差、运行成本高、有效载荷能力不足等。2011年，美国航天飞机正式退役。

国际空间站建设逐步推进。20世纪80年代初，美国认识到了之前没有持续研发空间站的决策失误，在落后于苏联的情况下提出了建设自由号空间站计划，但由于技术不成熟等多方面原因，该计划最终被取消。1998年，美国国家航空航天局联合欧洲航天局以及俄罗斯、日本、加拿大和巴西等国的航天机构开启了国际空间站建设，一共有16个国家参与筹建。这个项目作为目前人类历史上规模最大的空间合作项目，其目标极其宏伟：包括但不限于建设轨道实验室和观测台，为将来的行星探索任务提供维护并作为中转站。国际空间站使用的是桁架挂舱式构型，即以长达几十米或上百米的组装式或展开式桁架为基础结构，然后将多个舱段和设备安装在桁架上，如实验舱、对接过渡舱、服务舱和居住舱等部分。由于桁架上可以停挂各种服务设备，因此这种结构兼具实用性与可靠性。国际空间站建立20多年间，一直开展天文学、生物学、物理学和其他学科的科学实验，是人类合作开发太空的重要基地。即使在俄乌冲突期间，俄罗斯的大部分国际合作被限制，其在国际空间站的活动也依然正常开展。但国际空间站整体投入产出比有限，主要是因为系统过于庞大复杂，在轨建造耗时14年之久，严重限制了其在轨运营效益的发挥。国际空间站建造完成后的运营维护成本巨大，各参与国均面临沉重的资金负担。鉴于此，当下空间站的发展有从追求庞大规模向规模适度、注重应用效益方向转变的趋势。

  进入21世纪，人类探月潮方兴未艾。之前的技术积淀如阿波罗计划的月球轨道集合、登月舱和土星5号火箭等技术，为重返月球提供了一定支持。同时，在月球发现水等资源也极大地激发了各国的探月动机。2017年，美国政府正式批准了阿尔忒弥斯计划，目标是在2024年实现宇航员平安往返月球并且常态化驻留。2022年11月，执行"阿尔忒弥斯-1"任务的猎户座飞船第一次驶入月球远距轨道并成功返回地球。此外，量子空间公司和康斯伯格卫星服务公司分别以投资和建设通信网络的方式支持探月工程。

  飞向火星探索持续升温。火星接近太阳系"宜居带"，是除地球之外被认为最有可能孕育和存在生命的一颗行星。为此，多年来世界各国都在开展载人火星飞行计划的探索。然而，因地球和火星之间距离较远，航天任务除面临往返时间长、携带用品重量极大的问题外，从火星返回地球时还将面临提前进入环绕轨道等一系列技术难题。为此，美国和俄罗斯等国就火星探测达成协议，日本也提出将火星探测作为全人类合作项目的倡议。美国政府正式批准的阿尔忒弥斯计划，为载人登陆火星开了先路，SpaceX 公司也在多年的试飞中不断推进载人火星飞行计划。

伴随着载人航天技术的发展，太空旅游业也逐渐兴起。2001年4月28日，美国人蒂托搭乘俄罗斯联盟-TM-32 飞船飞往国际空间站，成为世界上第一位太空旅行者。2021年7月，维珍银河公司通过太空船二号飞船完成了载人亚轨道飞行；当年9月，SpaceX 公司以龙飞船为太空交通工具，开发轨道旅游项目，将非专业飞行员送上国际空间站。亚轨道飞行、太空旅馆等太空遨游项目吸引了多家商业公司的参与。

中国载人航天工程技术进步的艰辛历程

伴随着中国航天事业半个多世纪的建设与发展，我国载人航天工程按照"由近及远、先无人后有人"的发展思路，在问鼎苍穹道路上实现了一次次飞跃，不断刷新中国人的"太空高度"。回顾中国载人航天工程技术演进历程，大致包含三个阶段：

（1）20世纪60年代，美国和苏联两国全面拉开太空争夺的序幕。中国政府也果断地决定研制载人飞船，于1968年成立了中国空间技术研究院以及载人飞船总体设计室，并组织200多位专家先后参与曙光号飞船总体设计方案的前期论证。1970年7月14日中国政府正式批准了第一艘载人飞船曙光号载人飞船研制工程，全国各地的工程团队在飞船结构、控制系统、供气方式、航天服研制、航天员训练等方面都做出了开创性工作。然而载人航天工程是一个巨大的系统工程，不仅需要载人飞船作为航天员的乘坐工具，还需要运载火箭分系统将飞船运送到指定太空轨道，同时需要测控通信分系统保证航天员与地面的通信顺畅。20世纪70年代中期，基于相关技术、工业制造及工艺水平等方面的积累有限，在综合考虑财力等制约因素后，中国政府做出了"先把地球上的事搞好，地球外的事往后放放"的批示。至此曙光号载人飞船相关研制工作逐渐停滞，但此过程中形成的设计思路、研发团队等方面的积累，却为未来的"工程再启"奠定了基础。

（2）20世纪80年代，世界掀起了一股载人航天热，开拓、占据和控制立体边疆正逐渐成为全世界发达国家航天战略的核心。综合考虑我国与世界航天先进水平的差距，为保障国家安全与子孙后代的生存空间，1985年7月我国在秦皇岛举行了中国首届空间站研讨会，重新提出了中国载人航天工程的相关问题。通过这次会议，多数专家达成共识：载人航天工程应该现在就干。至于"怎么干"，中央明确指示：先安排概念性、技术可行性的研究与论证，在充分论证的基础上，再做最后决断。

（3）技术民主探索"怎么干"。1987年，专家委员会在京成立。其主要使命是对航天领域未来高技术，尤其是载人航天发展技术重新进行论证，确定载人航天工程战略方向，一切行动必须先解决"干什么"的问题，再谈"怎么干"。"前线"专家和技术人员充分发表了自己的意见，通过走技术民主的道路探索了"怎么干"。具体过程包含以下两个阶段：

第一阶段：招标书一经发出，瞬间激起千层浪，全国60余家单位纷纷应标，2 000名以上专家参与论证。一场纯粹的学术争鸣为各方专家创造了前所未有的自由创新环境。因此，短短两个多月内，就涌现出多种方案，综合来看可归纳为多用途载人飞船与小型航天飞机两种不同的总体方案。

彼时美国与苏联的载人工具在保持载人飞船发展的同时，已陆续进入航天飞机时代[①]。相较于载人飞船通过降落伞和反冲式火箭着陆的方式，航天飞机的滑翔着陆方式格外引人注目。当然这项先进的载人工具——航天飞机亦兼具较大的技术难点与风险，1986年挑战者号航天飞机的失事为全球载人航天活动留下阴影。因此中国载人航天工程，必须综合"机派"和"船派"的技术方案特点与国情，选出适合的技术路线。

第二阶段：一年后，专家组再次召开评审会议，邀请全国数十

---

① 1981年4月12日，美国哥伦比亚号航天飞机进行了首次轨道飞行，并以滑翔着陆的方式顺利返回地面。1988年11月15日，苏联的能源号火箭将不载人的暴风雪号航天飞机送入距地面250公里的预定轨道，实现首飞成功。

名德高望重的资深专家参会。会议进行了七天七夜，最终以打分的方式选择"机派"或"船派"。然而"机派"仅高于"船派"0.31分，细微的差距使得专家组决定再给双方一年时间，对现有方案做进一步修改、论证。

经过多轮论证，专家普遍认为在解决"用什么载人工具把航天员送上天"的问题上，"机派"代表相对超前的总体方案，"船派"代表相对成熟的总体方案。部分专家认为，"中国可以借鉴国外的技术与经验，采取跨越式发展，越过载人飞船，直接发展航天飞机"。也有专家主张，"载人航天工程对天地往返运输器的安全性、可靠性要求极高。航天飞机技术虽然先进，但也非常复杂，而载人飞船技术则相对成熟。为稳妥起见，中国应该从载人飞船起步"。

航天事业发展每一个阶段都会面临航天技术战略路线的选择问题，目标决策必须在"眼下急需"与"长远必需"之间做出权衡。当时，国家迫切地需要载人航天工程早点上马、快点干出来。为实现这一需求，如果研制航天飞机，时间较长、经费紧张，而研制飞船则难度低、起步快又稳健，也便于组织，更具有可行性，因此，专家委员会放弃分歧、统一意见，选择"飞船"总体方案上报给中央。

然而1989年8月国家航天领导小组接到火箭院高技术论证组的来信，来信表示支持"机派"，认为"机派"代表世界发展潮流，具有明显的经济优势，更适合国情。国家航天领导小组准备据此给中央写报告，呈送前特地征询钱老的意见。此时，钱学森先生提出的

"应将飞船方案也报中央"发挥了至关重要的作用。

1991—1992年，中央在多次听取专家委员会的汇报后，综合考虑技术、经济可行性，于1992年9月21日一致同意由中央专委直接领导载人航天工程，国防科工委负责统一组织实施并按阶段安排所需经费。以"921工程"为代号的中国载人航天工程正式上马！至此，长达7年的大论战终于结束，中国载人航天工程以载人飞船工程为起点的总体方案由此确定。

中国载人航天工程自立项之初，就基于分系统间的相互作用关系，确立了稳扎稳打的"三步走"发展战略。为此，工程围绕神舟飞船与空间站两个关键（分）系统进行先进的架构设计，如神舟飞船的"三舱一段式"架构以及中国空间站的T形架构，并于2022年底完成空间站在轨建造，2023年全面进入空间站应用与发展新阶段。随之而来的是中国航天事业从独立自主发展迈向全球合作的新时代，如中国载人航天工程办公室与联合国外空司、欧洲空间局共同遴选的多个空间科学应用项目开始陆续进入中国空间站开展实验，未来将持续按照"和平利用、平等互利、共同发展"的原则开展国际合作与交流。

综上，中国载人航天工程的演进历程，体现出以系统论为内核的架构设计思维与载人航天实践相互作用、共同促进的技术进步逻辑，即把复杂的需求定义为可实现的目标，基于层层分解的实际系统，构建一个可以达到特定整体功能的技术系统的过程（见图7-1）。

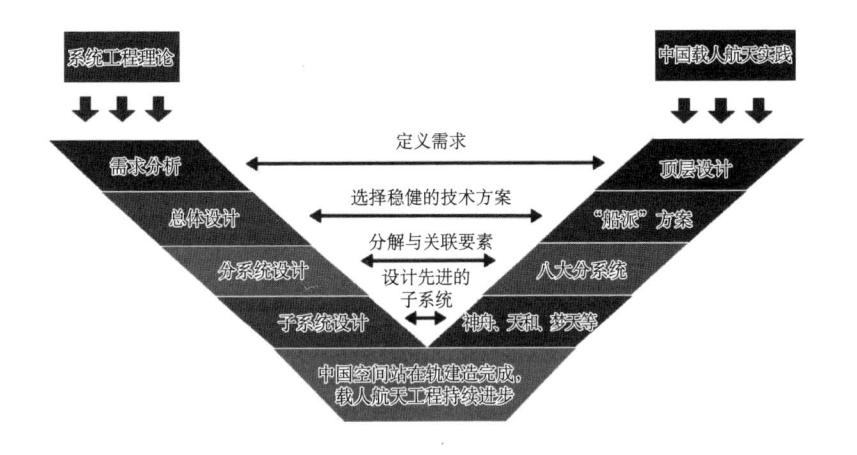

图 7-1　中国载人航天工程系统设计示意图

注：笔者绘制。

3. 从总体设计与关键系统研制破局

载人航天工程属于典型的大型技术系统，结合中国载人航天工程技术演进历程，其技术进步主要反映在工程总体系统与关键系统两大层级的技术管理活动。前者反映出后发国家重大战略目标，决定着后发国家技术进步的路线方向；而后者则是技术进步的物理载体，深刻影响路线方向确定后技术突破的迭代效果。因此，本章将工程总体设计与关键系统研制作为中国载人航天工程技术进步的分析单元，探讨其面临的关键挑战与破解方式。

总体系统的挑战与破解

总体设计是一种工程综合，而综合则意味着为了达到工程任务的要求而进行"权衡"。由于资源禀赋与战略目标的差异，不同国家载人航天工程总体设计所涉及的方案会有多种技术组合，每种技术组合方案都没有绝对的正确性。因此，识别载人航天工程总体设计的关键问题并找到适配的破解方式，就成为后发国家技术进步"平稳"起步的关键。

载人航天工程作为"国之重器"，具有规模庞大、系统复杂、需要突破的关键技术多等特点，对系统可靠性和安全性提出极高的要求。一方面，与火箭、人造卫星等"无人"航天工程相比，载人航天工程总体设计面临根本性的技术难题——需要化解航天员在太空环境下面临的高真空、极端高低温和空间辐射等威胁，实现把航天员安全送入太空再返回的第一需求。这意味着载人航天工程总体设计需要追求系统的绝对安全性。另一方面，载人航天工程系统高度层级化，每一层系统都有其独特的功能，但单一系统功能又是不充分的，只有多层级系统相互配合，才能实现工程目标。常见的载人航天工程可分解为八大关键系统（见图 7-2），每个关键系统有各自的功能需求。这意味着载人航天工程总体设计还需要满足系统的多功能性。而起步之初中国尚处于国内经济与工业基础较为薄弱的阶段，载人航天技术又遭长期封锁，因此，如何兼顾总体设计的系统安全性与系统多功能性，成为载人航天技术突破的关键。

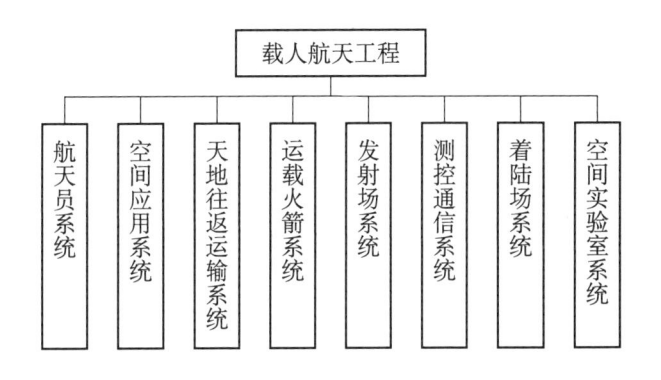

```
                        载人航天工程
   ┌────┬────┬────┬────┬────┬────┬────┬────┐
  航天  空间  天地  运载  发射  测控  着陆  空间
  员   应用  往返  火箭  场   通信  场   实验室
  系统  系统  运输  系统  系统  系统  系统  系统
             系统
```

图 7-2　载人航天工程系统架构

注：笔者绘制。

对于载人航天这样高度复杂的工程而言，系统安全性与系统多功能性的矛盾必然存在，须通过"综合妥协"来实现，而这种"综合妥协"就集中体现在工程总体设计中。选择什么样的初始系统架构，就成为总体设计阶段最大的挑战。那么，中国载人航天工程是如何破解这一挑战的呢？

首先，将国家重大战略目标转化为初始工程研制需求。载人航天工程总体设计类似于形成产品概念的过程，是对工程所要达到整体目标的规定。显而易见，该目标不完全由技术决定，而是同时取决于对所承担任务的定义。所以，载人航天工程总体设计必须包含对国家需求的解读，并将国家需求转化为初始工程研制需求。"863计划"启动之初，国家把航天列为七大重点领域之一，提出尽快发展我国载人航天事业的要求。如何解读"模糊"的国家重大战略目标，关键在于围绕技术的战略方向做出取舍，处理好"急需"与"必需"的关系。就中国载人航天工程而言，"急需"是面向近期目标，尽快"送中国人上天"，实现中国载人航天事业零的突破。而"必需"则面向长期目标，突破载人航天工程发展过程中不可或缺的关键核心技术，如出舱活动、交会对接等技术。考虑到当时中国正处于百废待兴的改革开放初期，国家决定先集中有限资源满足载人航天工程的"急需"，确定了难度适中、起步快、周期短、便于组织的初始工程研制需求。

其次，基于初始工程研制需求，设计稳健的总体方案。对标这一初始工程研制需求，中国载人航天工程历经以下两个阶段确定适合国情的总体方案：（1）走技术民主之路。1987年，围绕"用什么工具把航天员送上天"这一关键问题，专家委员会面向全国征集方案。经过多轮专家论证，最终从60余家论证单位所提出的11个方案中选出了"机派"和"船派"两个方案。（2）严谨科学地反复论证。根据我国的国情、国力和技术基础，专家委员会和航空航天工业部一致认为"船派"作为一个技术上稳妥、经济上合算、研制周期短、便于协调运转的方案，不仅可以满足当下"急需"，还能突破建设空间站所"必需"的关键技术，减少未来的研制难点与风险。

中国载人航天工程在资源有限与时间紧迫的双重约束下，放弃航天飞机方案，走载人飞船之路，由此确立稳健可行的总体方案，这成为技术进步的起点。该方案以"保障航天员安全"为首要原则，确定了不同分系统的功能与相互关系。例如：发射场分系统与运载火箭分系统相匹配，共同致力于将飞船、空间实验室等送入既定轨道，实现"上得去"；着陆场分系统则承担航天器回收、航天员救援的重任，确保航天员和载人飞船"回得来"；而测控通信分系统作为天地之间的纽带，保持飞船升空后与地面控制中心的不间断联系；等等。

综上，通过将"模糊"的国家重大战略目标转化为初始工程研制需求，统筹后发国家技术进步中的"急需"与"必需"，并最终形成稳健的总体方案来破解载人航天工程总体设计的挑战。可见，兼顾了系统安全性与系统多功能性的总体设计，成为中国载人航天工程"行稳"的起点。

关键系统的挑战与破解

载人航天工程总体设计完成之后开始研制关键系统，标志着整体工程从系统设计转入实体制造阶段。现有文献与工程实践都表明，关键系统（或零部件）常常成为后发国家或企业技术进步的最关键制约因素，诸多后发国家或企业技术长期停滞不前的重要原因之一就是难以突破关键系统（或零部件）技术。

在中国载人航天工程八大分系统中，载人飞船系统（即天地往返运输系统）与空间站系统（即空间实验室系统）处于工程总体系统的关键位置，主要体现在：一方面，载人飞船系统是中国载人航天的起步工程，其作为航天员进入太空、在轨生活与工作和返回地球的物理载具，能否顺利起步直接决定载人航天工程的成败。同时，载人飞船系统还是整个工程建设期内技术迭代的主要载体之一，影响着中国载人航天工程的技术进步节奏。另一方面，自主建成空间站系统是一个国家载人航天工程技术进步的关键里程碑，也是中国载人航天"三步走"发展战略的最终目标。因此，中国载人航天工程关键系统的研制既要保证初始技术的先进性，使其能更好兼容其他关键系统，同时又要追求可持续迭代性。中国载人航天工程研制时间跨度长，需要不断迭代技术以满足不同阶段的战略需要。因此，如何持续实现技术迭代，就成为关键系统研制面临的又一重大挑战。对此，中国载人航天工程又该如何破解呢？

首先，关键系统要同时实现技术先进性与可持续迭代性，就意味着该关键系统的技术架构不仅要能够满足高起点的起步需求，也需要具备良好的可扩展性，为后续的技术升级留下足够的空间。针对载人飞船系统的架构设计，中国决定从最先进的第三代飞船起步，采用了当时独一无二的"三舱一段式"架构设计（见图7-3）。该架构不仅优于美国和苏联在载人航天事业起步时所采用的"单舱式"及"两舱式"架构，甚至比当时第三代载人飞船的代表——苏联联盟号飞船的"三舱式"架构设计更具优势。

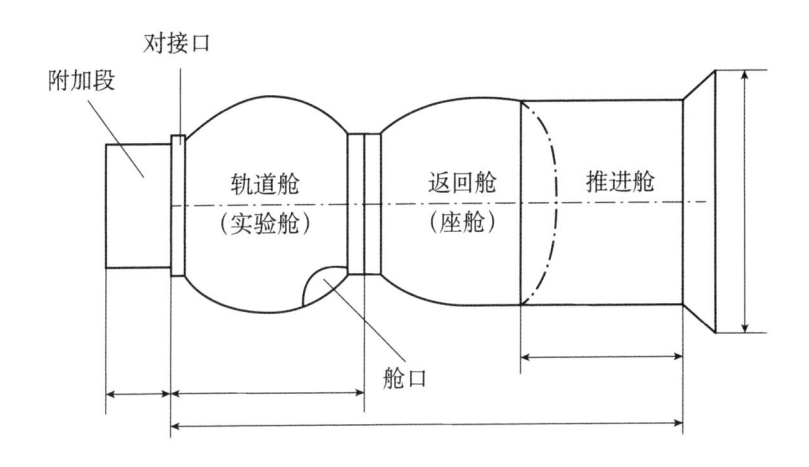

图 7-3 载人飞船系统的"三舱一段式"架构设计示意图

注：笔者结合北京空间机电研究所组织编写、2013 年出版的《中国载人航天技术发展途径研究与多用途飞船概念研究文集（1986 年至 1991 年）》绘制。

"三舱一段式"舱位设计可容纳三人，为未来载人航天工程的多人协作奠定了空间基础。飞船总体积比联盟号飞船大约 13%，航天员乘坐更舒适。飞船适用性强，可一船多用。不同于联盟号飞船只作为天地往返用，任务完成后轨道舱与返回舱分离，坠入大气层烧毁，神舟系列飞船的轨道舱在完成载人在轨飞行任务后，还可以独立在轨运行长达半年之久，可作为一个小型无人空间站、卫星或下一次所发射飞船的对接目标航天器。尤其值得一提的是，从神舟一号到神舟十五号，都是在"三舱一段式"架构基础上完成的技术迭代。

与此同时，中国天宫空间站的架构设计也沿用了国际上较为先进的方案，通过充分借鉴和平号空间站和国际空间站的经验教训[1]，采用三舱T字基本架构，由天和核心舱、梦天实验舱与问天实验舱模块组成。核心舱前端设两个对接口，接纳载人飞船（神舟系列）对接和停靠；后端设后向对接口，用于货运飞船（天舟系列）停靠补给。最终空间站如同搭积木一般形成一个T形结构的基本架构。该架构设计正是源于系统论思想：系统的各部分各自独立，组成系统时又相互联系、相互作用，有机地形成一个整体。具体而言，上述五个模块既是独立的飞行器，具备独立的飞行能力和功能，又可以与核心舱组合成多种形态，共同完成空间站的各项任务。这样高起点的架构设计，是空间站系统历史上的创新发展，更充分体现中国空间站建设"在规模适度条件下追求高效率"的目标，即：既具有良好的天地环境适配性、极高的资源利用效率和较强的系统冗余度，也有利于后续通过搭积木的方式继续生长、满足多样化的功能性要求。综上所述，高起点的系统架构化解了初始技术先进性与可持续迭代性的矛盾。

其次，由于载人航天工程的技术难度大、时间跨度长，因此后发国家在基础薄弱等多重约束条件下，形成拾级而上的技术进步节奏至关重要。它指的是后发国家在工程建设周期内，以关键核心技术突破为标志性节点，追求不间断的阶梯式技术进步。拾级而上的技术进步

---

① 国际空间站属于桁架结构多舱段空间站，主要通过航天飞机运送舱段和桁架进入太空并在轨组装建造。由于航天飞机在安全性设计方面存在问题而退役，空间站的结构形式有从桁架结构向积木组装结构回归的趋势，因此中国空间站整体构型设计借鉴了和平号空间站"积木组装"式的构型特点。但为了避免和平号空间站各舱段间太阳电池翼遮挡严重的问题，整站长期飞行采取三舱布置在同一平面，减少了舱段间的舱体相互遮挡。

节奏之所以重要，主要原因有两点：第一，技术本身具有"组合"和"递归"的特征，即新技术并不是无中生有被"发明"出来的，而是基于现有技术被建构、被聚集、被集成而来的，现有技术又源自先前的技术。这使得后发国家的技术进步具有高秩序性，即只有先突破某些关键基础技术，才能去追求更高层次的突破。例如中国先后突破的载人天地往返技术、航天员出舱活动技术和空间交会对接技术三大载人航天基本技术，分别由神舟五号、神舟七号与神舟八号飞船进行首次验证。第二，从"国之重器"的实际效果看，在较长的总体建设时间内有节奏地获得阶段性成果，将更利于各方资源的汇聚与信心的增强，有助于工程建设主体获得更多的资源去持续推进项目。

基于此，梳理载人飞船关键系统拾级而上技术进步节奏如图7-4所示。(1)从无人到有人：神舟一号到神舟四号无人试验飞船的成功发射，有助于改进八大分系统之间的协调性，为最终实现神舟五号载人飞行提供了可靠性极高的方案设计。(2)从一人一天到多人多天：从神舟五号到神舟七号，中国载人航天工程逐渐形成了多人多天协作的系统架构，并突破了舱内活动以及出舱活动等所需关键技术，为开展空间实验以及空间站的部件组装提供支持。(3)从轴向对接到径向对接：神舟八号到神舟十五号不仅与天宫空间站进行多次交会对接，为"三步走"发展战略的收官之作即建立中国空间站助力，更重要的是持续突破号称"万里穿针"的交会对接技术，实现从好比与天宫空间站直道赛跑的轴向对接到与之弯道赛跑且为手动控制的径向对接的技术跨越。

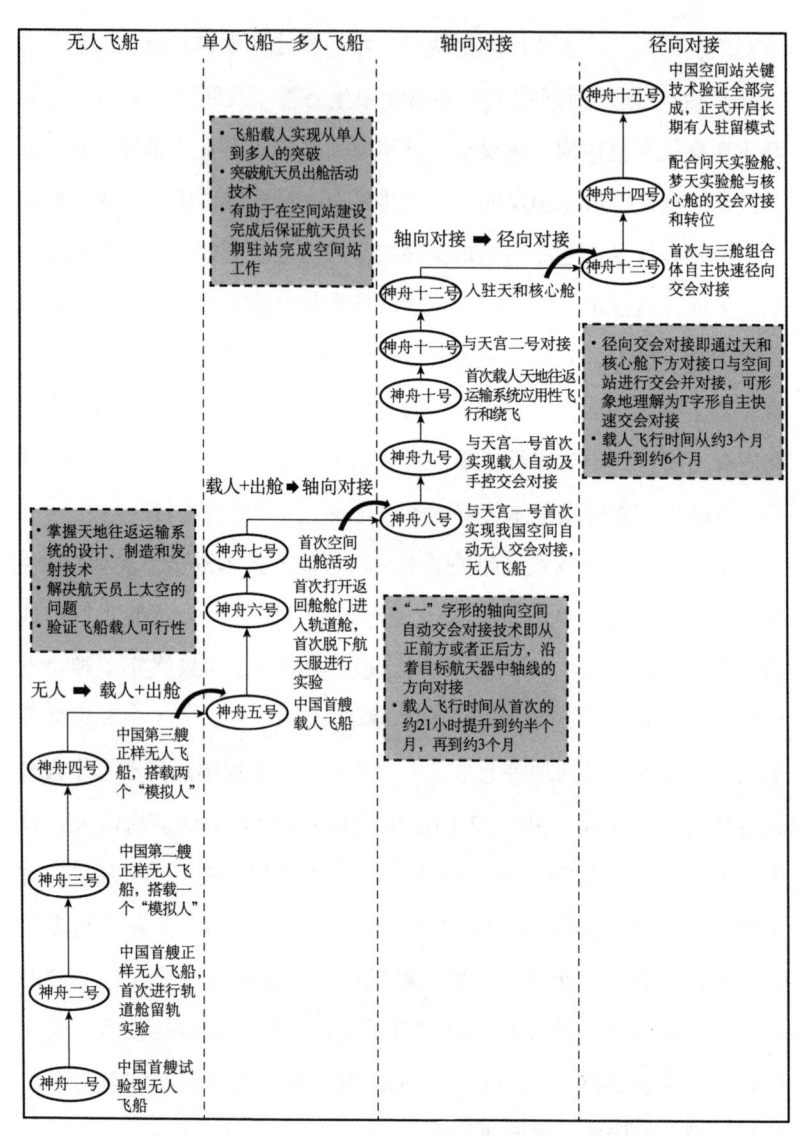

图 7-4 中国载人航天工程载人飞船关键系统技术进步示意图

注：笔者绘制。

综上，载人飞船关键系统经历了"无人试验飞船的协调配套—多人多天协作的优化稳定—突破交会对接的持续成长"的技术迭代过程。中国航天人借助拾级而上的过程，使得关键系统研制既是现有技术边界内的高起点，又为之后载人航天工程的技术迭代预留了足够空间。换句话说，关键系统实现初始技术先进性与可持续迭代性，有助于推动中国载人航天工程技术进步的"致远"。

4. 中国载人航天工程行稳致远

通过追溯中国载人航天工程的发展过程及其技术进步轨迹，本部分进一步从实践逻辑探讨何以实现"行稳致远"。

研究技术进步轨迹，可以发现：中国载人航天工程技术进步路径主要表现为总体系统与关键系统两个层级的技术管理难题识别和化解，而统筹系统架构稳健性与创新性的关系则是中国载人航天工程实现技术进步的关键。即顶层设计稳健的总体系统是关键系统创新的前提，而关键系统持续创新则是实现总体系统功能的保障，二者共同推动中国载人航天工程行稳致远。具体表现为以下两个特征：

（1）解决总体系统安全性与关键系统多功能性的矛盾，以实现系统架构整体稳健，是国家"国之重器"技术进步的关键起点。

首先是定义国家需求，统筹协调技术进步的"急需"与"必需"的复杂关系。解读国家核心需求的关键，在于将国家需求转化为一个切实可行的总体方案。中国载人航天工程启动之初，国家层面的朴素需求可概括为"尽快送中国人安全上天再返回"。将人送上天的载人工具有两种，即"飞机"与"飞船"。综合考虑当时技术与经济等因素后，经过多轮科学论证，中国选择了符合当时国情与国力的稳健技术方案——"载人飞船"作为路线方向。该路线方向不仅能够满足当下"急需"，即在预期时间内把航天员安全送上天，还能为建设中国空间站这一远景目标奠定"必需"的关键技术基础，实现中国载人航天工程的稳健起步。

其次是基于选择的路线方向，对总体系统要素进行分解与集成。载人航天工程作为一个复杂技术系统，其创新需要系统集成者把经济、政治和社会的需求与技术变化的可能性相结合，形成关于系统的新概念，并据此定义或重新定义系统架构。例如中国载人航天工程以"保障航天员安全"为首要原则，在总体设计时，既要基于各分系统（包含本章所探讨的关键系统）对安全的贡献统筹考虑整体布局，还要围绕保障航天员安全的载人飞船关键系统，对各分系统的匹配性进行充分试验，以确保其处于最佳状态。

以运载火箭系统的设计与优化为例，中国的火箭运载能力有多大，太空探索的舞台就有多大。没有大推力、高可靠性、高安全性运载火箭的支撑，载人飞船就不可能进入预定轨道，航天员的太空活动也无从谈起。因此，载人航天工程总体系统的架构设计面临的一个关键问题,就是必须尽快研制出推力足够大、可靠性与安全性足够高的运载火箭,以确保载人飞船能够按照既定设计、搭载多名航天员安全升空。为此,研制团队在原有运载火箭的技术基础上,采用了55项新技术,解决了故障检测、发射和控制等一系列技术难题。尤其是创新设计的逃逸系统,假如火箭突发意外情况,逃逸系统启动,逃逸飞行器会像"拔萝卜"一样带着神舟飞船的返回舱飞离故障火箭,再通过降落伞安全着陆。如此一来,整个运载火箭的安全性评估值提升到0.999 96的国际先进水平,为中国载人航天工程的持续推进奠定了重要的基础。

(2)处理好关键系统技术先进性与可持续迭代性的关系,以实现系统架构的持续创新,是"国之重器"技术持续进步的动力。

首先是对关键系统进行高起点的架构设计。关键系统的架构设计既要在不确定状态下、在可预期的时间内实现技术从无到有,又要为将来的技术迭代预留空间奠定良好基础。例如中国载人飞船(神舟系列)关键系统选择返回舱居中、轨道舱前置、推进舱后置的技术架构。该全新技术架构使得只要改变某个舱段,或者改变某个舱内的有效载荷就能成为满足不同要求与功能的航天器。再如载人飞船除了可以作为运人和运货的天地往返运输系统,还可以作为空间站的救生艇,并且返回舱可以和轨道舱分离,在返回舱回到地球后,轨道舱可以继续留在轨道上完成各类空间科学实验。这种多功能架构的飞船,不仅满足了中国载人飞船技术起步的可靠性要求,又为之后的技术迭代预留了空间,具备较强的生命力。从神舟一号到神舟十五号,均是基于这一先进的技术架构,并不断改进与升级神舟飞船的整体性能,从而助推了中国载人航天工程持续的技术进步。

其次是保持拾级而上的技术进步节奏。一方面,中国载人飞船的架构设计越过了美国与苏联在载人航天事业起步时的单舱与两舱模式,直接研制三舱式多功能飞船,飞船内可乘坐3名航天员,起点很高。另一方面,为了突出重点,缩短研制周期,在首艘试验飞船(神舟一号)研制时则采用了最小配置的九个子系统(正常飞船有十三个子系统),重点考核飞船的生命保障系统、控制系统与返回技术。这种架构设计的先进性搭配工程研制可靠性的综合思路,既充分运用了组织已有的技术资源与能力,又为将来的技术迭代预留了足够空间。中国载人航天工程关键核心技术突破,经历了"无人试验飞船的协调配套—多人多天协作的优化稳定—突破交会对接的持续成长"的拾级而上迭代过程,目标在于追求不间断的阶梯式技术进步。

综上所述,中国载人航天工程的技术进步模式与中国高铁、盾构机等工程具有差异性。已有研究指出系统层次的创新是中国高铁领先的关键,双循环创新模式助力盾构机工程实现技术赶超。而中国载人航天工程的复杂性,对工程可靠性、安全性提出了极高要求,又极具风险性,因此要实现技术从无到有、从有到优的持续进步,不仅仅需要系统架构创新,更需要系统架构的稳健。辩证地处理好系统架构的稳健性与创新性之间的关系,是"国之重器"持续实现技术进步的关键。

5. 系统架构二元性

为进一步回应"'国之重器'何以实现技术进步"这一根本性问题，本部分基于上述发现，进行理论构建与延伸性讨论。首先，把中国载人航天工程视为复杂系统，并从系统架构视角归纳其技术进步理论体系。其次，创新提出技术进步的系统架构二元性机制，即系统架构稳健中蕴含创新、创新中蕴含稳健的二元性。最后，延伸探讨理论模型的必要条件，以提升理论研究的普适性。

复杂系统的技术进步与系统架构

"国之重器"技术进步是一个面向复杂技术系统的管理问题，而技术之所以进步，缘于技术"创造着它自己"。技术有自己的"进化"方向，也有自己的"行事"逻辑。因为从技术本质来看，技术是为了达到某种目的的一种组合，而"架构"就是展示这种"进化"与"行事"的方案。这个组合包含一个用来执行基本功能的主集成（如中国载人航天工程的"总体系统"）和一套支持这一集成的次集成（如中国载人航天工程的"关键系统"）。这些不同的集成模块及其相互关联共同形成了一个工作架构，由此实现技术的组合进化。可见"架构"的理论视角，有助于解释重大工程技术进步何以实现。

本章在已有"产品架构"理论的基础上，增加了"系统"的内涵，即相较于以往关于"架构"理论更多地侧重于面向集成块（也称"物理组件"）提供一个"分解与集成"（decomposed and coupled）的设计思路，上述"架构"理论已开始关注集成块之间的层级结构（如上述所说的主集成和次集成）。为了便于区分，这里将架构定义为"系统架构"，并结合钱学森的系统论思想[①]对这一理论视角进行进一步阐述，即将"分解与集成"的思路定位于技术系统内部的层级关系、局部与全局等方面的整体性思考，最终致力于实现系统功能 1+1＞2 的涌现。上述视角，可以为复杂技术系统的组合进化（技

---

① 钱学森在 20 世纪 80 年代提出的系统论（复杂系统及其管理是其中的一部分）是从事物的整体与部分、局部与全局以及层次关系的角度来研究客观世界（包括自然、社会和人自身）的。能反映事物这个特征最基本和最重要的概念就是系统，因为系统是"由相互作用和相互依赖的若干组成部分结合成的具有特定功能的有机整体"。由此形成了既吸收还原论方法和整体论方法各自的长处也弥补各自局限性的系统论方法。

总体来看，一方面钱学森的系统论方法能把各个科学领域研究的问题联系起来作为系统进行综合性和整体性研究，具有交叉性、综合性、整体性与横断性等显著特点与优势；另一方面钱学森开创中国航天事业的系统工程实践，为建立系统论奠定了关键基础，而且中国航天事业的蓬勃发展也验证了系统论方法在指导实践中的重要作用。因此从钱学森的系统论方法出发，进一步思考中国载人航天工程的技术进步，具有一定理论与实践依据。

术进步）提供整体性设计思路。

本章从四个维度归纳系统架构视角下的技术进步理论体系（见表 7-1）。

表 7-1　系统架构视角下的技术进步理论体系

分析维度	系统架构视角下的技术进步
思想本源	同时强调整体论与还原论的系统论
适用情境	"国之重器"的复杂情境
任务目标	维护国家核心利益、取得重大突破
影响范围	国家或行业级

从思想本源与适用情境来看，系统架构视角结合了基于整体论与还原论辩证统一的系统论方法，有助于完整呈现技术进步的过程机理。这在一定程度上弥补了传统宏观视角下忽视技术生产过程、只一味强调政府对市场干预的不足。同时这一系统论方法先后指导了"两弹一星"、中国载人航天工程等"国之重器"的技术进步，由此进一步明确了系统架构视角下的技术进步的适用情境，推动了学术界关于"国之重器"技术进步的创新性思考和话语体系构建。

从任务目标与影响范围来看，系统架构视角下的技术进步，是维护国家核心利益的重大需求驱动技术重大突破，而非由响应市场需求的资源组合决定。也正是这一战略性的、进取性的和创造性的重大需求，使得技术系统要举全国之力在稳健性与创新性的对立统一动态转化之间，实现在国家层面或行业层面的螺旋式进步与上升。

这不仅弥补了传统微观视角过于关注企业行动过程、忽视技术进步的整体成效的不足，也将传统技术进步的线性过程以动态、系统层级化的立体形式呈现。

综上所述，这一理论体系的形成：一方面，有助于从技术本质出发，打开技术系统进步过程的"黑箱"，弥补现有研究虽也强调技术内生性，但内生的动力源于国家、市场、企业、网络等外部视角的激励，而未触及技术系统内部复杂性的不足。另一方面，也有助于面向技术进步任务环境的多样化、连续化以及相互冲突的诉求，避免基于任何外部单一视角或几个视角的机械叠加进行回应，而割裂复杂技术系统的整体性机理。系统架构视角有助于从总体系统与关键系统的"分解与集成"的设计思想出发，保障复杂技术系统技术进步的整体性和功能集成。

系统架构二元性模型

本章在归纳复杂技术系统技术进步理论体系的基础上，进一步构建了系统架构二元性概念模型（见图7-5），展现了系统架构中稳健性与创新性的对立统一关系。系统架构二元性融合了工程思维和理论思维。所谓工程思维和理论思维，是钱学森所提出的指导"国之重器"管理实践的两种不同思维模式，而本章尝试将二者融会贯通，以回应"'国之重器'的技术进步何以产生"这一关键问题。具体而言，工程思维主要面向工程管理中的具体操作与实施，明确

"做什么"与"怎么做",如图 7-5 所展示的中国载人航天工程在总体系统与关键系统两个系统架构层级中"行稳"而"致远"的系列活动;理论思维则是明确"是什么"和"为什么"的道理,如图 7-5 所展示的系统架构稳健性与系统架构创新性相互依赖、动态适应,推动"国之重器"持续实现技术进步。该模型不仅展现了系统架构二元性的"对立统一"内在逻辑,同时也有助于将工程实践经验上升为系统化创新理论,进而继续指导实践。

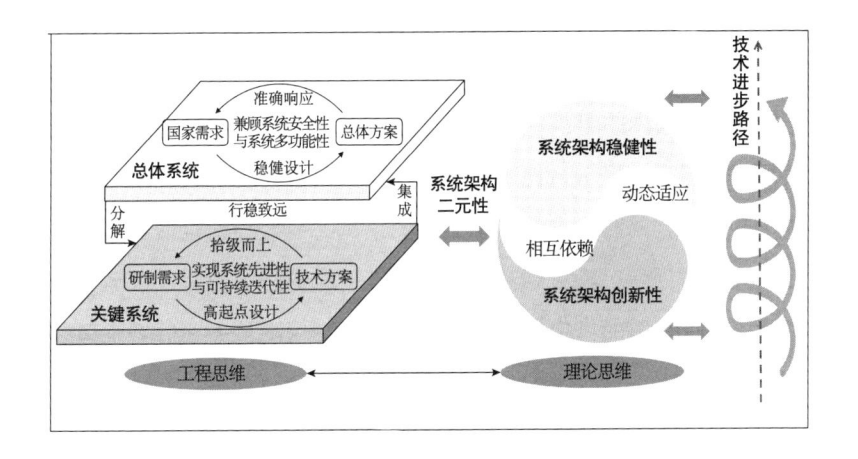

图 7-5 技术进步的系统架构二元性概念模型

注:笔者绘制。

所谓二元性原本是指人的左右手同样灵活,后被借用来刻画兼顾探索式与利用式二元创新活动的组织。其微观基础是具有一定适应性的系统行为模式,基于马奇和西蒙共同提出的有限理性假设,即由于有限理性行为，组织无法选择实施最优的备选方案，必须在利用现有知识、惯例、能力与探索新选择、寻找新知识、创新之间取得平衡。从事探索而排除利用的适应性系统很可能以较高的实验成本获得较少的回报，沉淀了太多尚未开发的新思想和尚未形成的独特能力。相反，从事利用而排除探索的系统有可能因为正向的局部反馈产生强烈的路径依赖而处于次优均衡中。因此，在探索与利用之间保持适当的平衡是系统生存和繁荣的主要因素。但上述二元性将探索与利用两个组织行为视为对立且独立的，即既承认它们之间的互补性，也认为探索与利用是两种不同的创新行为，是一分为二的，更强调探索与利用的机制和结果的内部一致性。

探索与利用的组织二元性为本章探讨复杂技术系统的技术进步机制提供了一定启示，但结合本章的研究可以发现，系统架构二元性是看似稳健的行为可能带来创新的结果，而稳扎稳打的背后也离不开持续的创新，具有相互依赖且动态适应的特征。就像火车与铁轨的关系，铁轨的稳定性是火车高速运行的保障，火车的安全运行又有赖于铁轨不断创新、优化技术以提升稳定性。

据此，可以将技术进步的系统架构二元性理解为：面向连续的复杂技术系统，统筹系统层次的稳健性与创新性这一组对立统一关系，以实现系统整体性功能涌现的战略思维和行动。而系统架构二元性之所以能推动复杂技术系统的进步，其内在机理在于以下两点：

其一，稳健性与创新性相互依赖，保障技术的高秩序性进步规律。就技术发展规律而言，技术是由不同等级的技术建构而成的，其组合进化具有高秩序性，即高层级技术指导并对次层级技术下达指令，反之次层级技术的能力极限则限制着高层级技术的目标范围。因此，在面向整体技术系统的设计研制时，仅追求稳健性或创新性都不足以推动技术系统的进步。因为过于追求系统稳健，可能会限制高层级技术的应用和探索，使技术进步乏力。而一味追求创新，也可能会导致次层级技术开发难度过大而失败或偏离技术迭代方向。唯有二者相互依赖、持续互动，才能保证技术在不同层级间顺利转化，以高秩序性推动系统整体技术进步。正如中国载人航天工程在起步之初，围绕"船派"设计总体方案这一符合"船派"技术积累与彼时国情的稳健性战略行动，一方面便于作为次层级的飞船系统较快、较好地执行相关指令，另一方面也为该系统的创新提供了关于规则、流程或惯例等的稳健机制。同理，三舱一段式的神舟飞船系统的高技术起点设计，不仅服务于后续系列神舟飞船型号的关键技术突破，也为空间站的建造、维修提供了持续稳健的技术支持。因此，稳健基础上的创新与创新过程中的稳健，有助于保障技术向高层级持续迈进。

其二，稳健性与创新性动态适应，以空间重叠、时间并行状态推动技术进步。不同于传统二元性观点多基于间断均衡理论，强调把一组对立且独立的行为按空间差异或时间顺序实现分离性共存，本章所提出的系统架构动态二元性，强调稳健性与创新性是你中有我、我中有你、互推互化、生生不息的关系。具体表现为二者在空间和时间两个维度上的重叠、并行,不仅有助于化解稳健性与创新性之间的对立悖论,也为解释复杂技术系统在不可预测和快速变化的环境中如何实现技术进步提供了一个全新的概念理论模型。该模型具有两个特征:

(1)空间维度上的重叠。以中国载人航天工程的神舟飞船关键系统为例:相对于其上级系统即工程总体系统来说,该三舱一段式的架构设计具有前瞻性与创新性;而相对于其次级系统即生命保障、飞行控制等各组成子系统来说,该系统又是稳健的,以确保首飞目标的顺利实现,并为后续子系统的叠加、优化树立了信心和预留了空间。

(2)时间维度上的并行。时间并行表现为稳健性与创新性的相互依赖、动态适应关系贯穿整个中国载人航天工程的发展历程。如前20年虽然旨在扎实夯基垒石,但从无人飞行到有人飞行看似循序渐进的背后,是每次飞行切实推动组织指挥体系的调整完善、关键核心技术的突破以及相关基础条件的健全,由此才实现跨越发达国家近半个世纪的发展历程的壮举。同理,后10年虽然旨在全力加速冲刺,但"加速度"的背后是质量问题归零"双五条"[1]的坚决贯彻实施,是"不带任何隐患上天"的严防死守,是推迟发射也要彻底"归零"的万无一失。可见稳健性与创新性的二元性存在于技术系统

---

[1] 以"定位准确、机理清楚、问题复现、措施有效、举一反三"为内容的技术归零标准和以"过程清楚、责任明确、措施落实、严肃处理、完善规章"为内容的管理归零标准。

的每一个架构层级，同时伴随着系统状态的科学分解与集成而相互转化，在不断强化各系统功能、性能的基础上，推动技术系统整体持续进步。

系统架构二元性的相互转化

系统架构二元性之所以能推动复杂技术系统的技术进步，除了上述所探讨的理论模型外，还需要进一步识别其在特定情形下有效的边界条件。本章发现，复杂系统思维与举国体制是保障系统架构的稳健性与创新性对立统一、相互转化的必要条件。

（1）用整体论与还原论相结合的复杂系统思维指导中国实践。只有确立正确的思维原则，才能实现对"国之重器"管理本质属性的把握。复杂系统思维有助于保障中国载人航天工程在起步晚、基础薄弱的背景下，实现面向发达国家航天工程的技术进步与赶超。这一思维与发达国家的系统管理思维有很大不同。以美国国家航空航天局和欧洲航天局为代表的航天系统工程方法强调对型号的分解，其思想本源更接近还原论，即主要通过各部分的组合来描述理解复杂整体。发达国家的还原论思想基于良好的工业基础，其航天工程的技术创新是在原有产业核心技术基础上的更新、发展或转移，并拥有较多资源来支撑其在不同技术路线上的探索。然而，中国当时面临的是技术、经济与国际环境等多方面条件不足的制约，因此，创新性提出从整体论出发，厘清当前最紧迫、最核心的国家需求，立足现有条件重新定义系统架构，进而基于总体设计还原、统筹各个分系统的设计，为中国载人航天工程技术进步的稳健起步与持续迭代奠定扎实基础。

（2）举国体制下的关键技术自立自强、持续进步。举国体制指以国家利益为最高目标，由国家动员和调配全国有关的力量，包括精神意志和物质资源，攻克某一项世界尖端领域或国家级特别重大项目的工作体系和运行机制。钱学森曾经说过："航天是系统工程，不能靠我一个人，要靠一大堆人。"而这一大堆人从何而来、如何配置，离不开国家的集中统揽。这一体制，不仅能在中国载人航天工程立项之初，化解薄弱的工业基础与国家发展航天事业的战略需求之间的矛盾，后期在有机结合政府力量与市场机制不断夯实我国工业基础、构建现代化工业体系的同时，也能够更广泛地调动资源与整合能力，以攻克关键核心技术。

中国载人航天工程正在刷新"太空高度"，正在创造"国之重器"的历史奇迹。这一重大实践，不仅突破了已有的主流学术边界范围，也为发展新的中国管理学术体系奠定了坚实的基础。辩证处理好系统架构的稳健性与创新性，既是重大理论问题，也是不可回避的实践要求。没有创新作为支撑的系统稳健，必然难以长久；没有系统稳健作为保障的创新，必然不可持续。

学术研究应该是一个发现的过程。基于中国"国之重器"管理实践，构建中国管理学术流派，既需要根植于中国管理实践高度动态的、复杂的过程，也需要变革已有的实证研究范式，从照着西方主流的案例研究范式"解构案例",向沿着中国波澜壮阔的实践发出中国声音。

参考文献

阿瑟.技术的本质:技术是什么,它是如何进化的.曹东溟,王健,译.杭州:浙江人民出版社,2014.

拜因霍克.财富的起源.俸绪娴,刘玮琦,尤娜,译.杭州:浙江人民出版社,2019.

邓孟.梦圆"天宫":中国载人航天工程三十年发展历程和建设成就综述(三).(2023-03-15)[2023-05-04].https://www.cmse.gov.cn/xwzx/202303/t20230315_53128.html.

邓孟.梦圆"天宫":中国载人航天工程三十年发展历程和建设成就综述(二).(2023-03-07)[2023-05-04].https://www.cmse.gov.cn/xwzx/202303/t20230307_53031.html.

邸乃庸.梦圆天路:纵览中国载人航天工程.北京:中国宇航出版社,2011.

何慧东,张蕊,苑艺,等.世界载人航天60年发展成就及未来展望.国际太空,2021(4).

贺俊,吕铁,黄阳华,等.技术赶超的激励结构与能力积累:中国高铁经验及其政策启示.管理世界,2018,34(10).

江鸿,吕铁.政企能力共演化与复杂产品系统集成能力提升:中国高速列车产业技术追赶的纵向案例研究.管理世界,2019,35(5).

景海鹏，辛景民，胡伟，等.空间站：迈向太空的人类探索.自动化学报，2019，45（10）.

李鸣生.千古一梦：中国人第一次离开地球的故事.北京：作家出版社，2009.

李显君，孟东晖，刘暕.核心技术微观机理与突破路径：以中国汽车AMT技术为例.中国软科学，2018（8）.

廖小刚，王岩松.2021年国外载人航天发展初步分析.载人航天，2022，28（1）.

林海芬，苏敬勤.管理创新效力提升机制：组织双元性视角.科研管理，2012，33（2）.

刘纪原.中国航天事业发展的哲学思想.北京：北京大学出版社，2013.

路风.冲破迷雾：揭开中国高铁技术进步之源.管理世界，2019，35（9）.

路风.走向自主创新：寻求中国力量的源泉.北京：中国人民大学出版社，2019.

欧阳桃花，曾德麟.拨云见日：揭示中国盾构机技术赶超的艰辛与辉煌.管理世界，2021，37（8）.

庞之浩.飞天梦想："神舟"系列载人飞船.太空探索，2007（3）.

钱学森，许国志，王寿云.组织管理的技术：系统工程.上海理工大学学报，2011，33（6）.

钱学森.论系统工程.长沙：湖南科学技术出版社，1982.

盛昭瀚，薛小龙，安实.构建中国特色重大工程管理理论体系与话语体系.管理世界，2019，35（4）.

唐伟，刘思峰，王翔，等.V-R^{3}系统工程模式构建与实践：以载人空间站工程为例.管理世界，2020，36（10）.

王翔，王为.我国天宫空间站研制及建造进展.科学通报，2022，67（34）.

王翔.1+1=？中国空间站告诉你.（2021-07-13）[2022-05-04].http://www.news.cn/sikepro/20210706/fb6adbe1cd1a42b1af0157326f7d56ba/c.html.

韦德.驾驭市场.吕行建,等译.北京：企业管理出版社,1994.

袁家军.神舟飞船系统工程管理.北京：机械工业出版社,2006.

约翰逊.通产省与日本奇迹：产业政策的成长（1925—1975）.金毅,许鸿艳,唐吉洪,译.长春：吉林出版集团有限责任公司,2010.

中国科学院与"两弹一星"纪念馆.打造国之重器 铸造科技丰碑.（2021-07-26）[2022-05-12].https://glory.ucas.ac.cn/index.php?option=com_content&view=article&id=929:2021-07-26-06-32-46&Itemid=110.

左赛春,贺喜梅.从曙光号到神舟号：我国载人航天工程正式立项.（2016-10-08）[2022-05-12]. http://zhuanti.spacechina.com/n1449297/n1449403/c1458925/content.html.

ARROW K J. The economic implications of learning by doing. The review of economic studies, 1962, 29(3).

BALDWIN C Y, CLARK K B. Design rules: the power of modularity. Cambridge: MIT Press, 2000.

BROWN S L, EISENHARDT K M. The art of continuous change: linking complexity theory and time-paced evolution in relentlessly shifting organizations. Administrative science quarterly, 1997, 42(1).

DAVID P A. The hero and the herd in technological history: reflections on Thomas Edison and the battle of the systems//HIGONNET P, LANDES D S, ROSOVSKY H. Favorites of fortune. Cambridge: Harvard University Press, 1991.

GUPTA A K, SMITH K G, SHALLEY C E. The interplay between exploration and exploitation. Academy of management journal, 2006, 49(4).

HENDERSON R M, CLARK K B. Architectural innovation: the reconfiguration of existing product technologies and the failure of established firms. Administrative science quarterly, 1990, 35(1).

LEE K, LIM C. Technological regimes, catching-up and leapfrogging: findings from the Korean industries. Research policy, 2001, 30(3).

MARCH J G, SIMON H A. Organizations. 2nd ed. New York: John Wiley & Sons, 1993.

MARCH J G. Exploration and exploitation in organizational learning. Organization science, 1991, 2(1).

MOWERY D C, ROSENBERG N. Paths of innovation: technological change in 20th-century America. Cambridge: Cambridge University Press, 1998.

ULRICH K. The role of product architecture in the manufacturing firm. Research policy, 1995, 24(3).

UTTERBACK J M. Innovation in industry and the diffusion of technology. Science, 1974, 183(4125).

WEICK K E, SUTCLIFFE K M, OBSTFELD D. Organizing for high reliability: processes of collective mindfulness. Research in organizational behavior, 1999, 1.

致　谢

本书是集体智慧与贡献的结晶。首先，要感谢书中五篇研究案例论文、四篇教学案例的作者，感谢大家从数据收集、整理到选题提出、构思撰写，再到投稿、修改一路走来的坚持与付出。同时也要感谢已经毕业的和在读的所有学生，感谢大家共同助力团队的成长。没有团队长期的、扎实的积累，就不会有本书研究成果成体系化的展示。

其次，要感谢在调研过程中给本书提供帮助的所有人士，包括型号总师、型号总指挥、企业家、管理者等。他们多是"国之重器"技术进步的参与者和实践者，他们踔厉奋发、笃行不怠。如果没有他们的支持，笔者团队就不可能萌发写作本书的动力，也不会在研究和创作中获得如此丰富的案例素材。更重要的是，他们肩负重任、潜心科研，用爱国情怀、学术造诣和科学态度，在祖国大地上结出了一串串科技创新硕果，他们默默无闻、矢志报国的精神让我们动容。

最后，要感谢中国人民大学出版社与本书编辑团队，感谢他们对本书研究主题的认可，以及后续对本书修改、完善的多次指导，感谢他们为"国之重器"技术进步的中国故事与中国智慧提供了专业化展示平台。

本书研究得到了国家社会科学基金重大项目（项目批准号：21ZDA012）的支持。

图书在版编目（CIP）数据

国之重器：如何突破关键技术 / 欧阳桃花，曾德麟著. -- 北京：中国人民大学出版社，2024.7
ISBN 978-7-300-32821-8

Ⅰ.①国… Ⅱ.①欧… ②曾… Ⅲ.①科学技术—研究—中国 Ⅳ.① G322

中国国家版本馆 CIP 数据核字（2024）第 095184 号

国之重器
如何突破关键技术
欧阳桃花　曾德麟　著
Guo zhi Zhongqi

出版发行	中国人民大学出版社		
社　　址	北京中关村大街 31 号	邮政编码	100080
电　　话	010-62511242（总编室）	010-62511770（质管部）	
	010-82501766（邮购部）	010-62514148（门市部）	
	010-62515195（发行公司）	010-62515275（盗版举报）	
网　　址	http://www.crup.com.cn		
经　　销	新华书店		
印　　刷	天津中印联印务有限公司		
开　　本	890 mm × 1240 mm 1/32	版　次	2024 年 7 月第 1 版
印　　张	9.25 插页 1	印　次	2025 年 3 月第 4 次印刷
字　　数	183 000	定　价	69.00 元

版权所有　侵权必究　　印装差错　负责调换